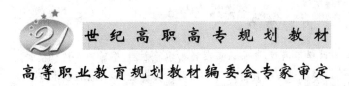

21世纪高职高专规划教材

高等职业教育规划教材编委会专家审定

# 液晶电视项目应用教程

冯跃跃　主编

北京邮电大学出版社
www.buptpress.com

# 内 容 简 介

本书为工学结合、校企结合模式的新型课程而编写,全书采用项目教学的方法,全面地介绍模拟电视技术与数字电视技术,结构层次由浅入深、循序渐进。项目教学将以液晶电视为载体,将电视技术分为六个项目,分别介绍电视整机各组成部分的学习方法和测试方法。采用工学结合的编写方法,图文并茂,通俗易懂,每个项目都设计有学习方法的引导以及实验测试内容和要求,方便教师与学生学习与交流。

本教材定为高职高专使用教材,可作为电子信息技术、广播电视技术等相关专业电视课程教学用书,适合高职高专院校开展工学结合一体化教学使用;也可作为电视技术培训教材;同时适合从事电视机生产维修初中级技术人员、业余爱好者阅读。

## 图书在版编目(CIP)数据

液晶电视项目应用教程/冯跃跃主编. --北京:北京邮电大学出版社,2013.1
ISBN 978-7-5635-3245-2

Ⅰ. ①液… Ⅱ. ①冯… Ⅲ. ①液晶电视机—高等职业教育—教材 Ⅳ. ①TN949.192

中国版本图书馆 CIP 数据核字(2012)第 240656 号

---

书　　　名:液晶电视项目应用教程
主　　　编:冯跃跃
责任编辑:彭　楠　马晓仟
出版发行:北京邮电大学出版社
社　　　址:北京市海淀区西土城路 10 号(邮编:100876)
发　行　部:电话:010-62282185　传真:010-62283578
E-mail: publish@bupt.edu.cn
经　　　销:各地新华书店
印　　　刷:北京鑫丰华彩印有限公司
开　　　本:787 mm×1 092 mm　1/16
印　　　张:13
字　　　数:325 千字
版　　　次:2013 年 1 月第 1 版　2013 年 1 月第 1 次印刷

---

ISBN 978-7-5635-3245-2　　　　　　　　　　　　　　　　定　价:28.00 元

· 如有印装质量问题,请与北京邮电大学出版社发行部联系 ·

# 前　言

本教材的编写初衷是编者在开展工学结合一体化教学时,迫切感到缺乏适合项目教学应用的教材。多年来,在我国职业教育领域一直沿袭着学历教育的模式,学科型教育体系根深蒂固,职业教育课程内容与企业实际项目脱节。对课程有效地实行工学结合的教学模式,尽快地完成职业学校产学结合,是职业教育迫切面临的课题。

一般教材是基于传统的学科式教学,从理论基础出发分析研究电视技术理论。而随着我国高职教育不断地引入国外职业教育体系,学习国外先进的职业教育思想理念,改革目前高职教育学科化的状况,让高职教育课堂体现职业教育的特色,引入企业真实案例,使学生在实际的项目教学中,学习掌握知识及技能,是本教材的编写思想。

根据《国家中长期教育改革和发展规划纲要(2010—2020年)》的宗旨,本教材在编写过程中,尽力突出高职高专工学结合教学的特点,并结合编者多年实际教学经验,针对高职高专教学层次的特点,突出实用性,在内容编排上力求通俗易懂、层次分明,将电视原理化简;对电视整机电路重在外部功能分析,并提供大量实验测试项目教学内容,便于教师开展边学习、边实践的教学活动。根据基于工作过程的课程开发思路,通过对职业岗位和典型工作任务的深入分析,积极探索学习领域的开发,我们认为职业核心课程建设的重点是开发工作过程为导向的教材内容。

编者要说明的是项目教学内容的设计思路。在教材中针对液晶电视机,我们共设计了六个项目,主要思路是倡导方法论,培养学习能力。

现代教育的作用不仅仅是为了传授知识,培养学生的学习能力,注重学生的创造能力才是最重要的。在美国,著名教育家杜威的教育思想影响很大。其教育观是主张学生一边工作,一边学习。他认为这样可以对人的生活作出选择和决定。其教学观是你告诉我,我可能会忘记;你给我看,我可能记不住;你让我参与,我可能会明白。其教师观是教师的角色不仅仅是传授文化知识的指导者,更是帮助指导学生就业的教练。

这本教材的编写思路是采用以学生为主体,让学生参与教学过程,改变教师唱独角戏,教师是课堂主角的状况,使学生在课堂上思维活跃起来,拥有创新意识、培养创新能力。如果人在受教育的这十几年,始终接受的是满堂灌八股教育,如何谈培育具有创造能力的新型人才呢?我们在液晶电视项目教学中,发现学生的好奇特别多。众所周知,电视机是每人每天都接触的,但是过去学生不懂得它的原理,对于其中各种调试旋钮、各种接口、屏幕上出现的测试图、彩条以及各种故障都无法解释。我们在教学中尽可能地结合实际给学生解释问题,让学生动手动脑,鼓励学生提出问题。不少学生还将自己家电视机出现的故障以及遇到的各种新名词,带到学校和教师一同讨论,这一切都说明学生将所学的知识运用到实际中去。

全书以项目教学的方式展开内容,共设计六个项目教学任务。

项目1 认识电视技术与电视整机,本项目从介绍电视技术的发展开始,介绍电视技术的发展历程及目前的最新技术，引入电视的最基本扫描成像技术，让读者知道电视成像与电影投影成像的不同之处。认知两种主要显示技术 CRT 显示与液晶显示。简单了解一台电视机的组成电路部分，使读者初步了解电视机中信号流程过程，为以后电视整机的学习打下基础。项目 2 液晶电视接收电路的调试，本项目通过射频信号的测试活动，理解射频信号的调制方法，掌握射频电视信号的组成。通过高频调谐电路的调试活动，使学生了解高频调谐电路的功能与作用，掌握高频调谐电路的组成，理解电子调谐原理，掌握测试高频调谐电路的方法。项目 3 液晶电视信号处理电路调试，本项目通过学习彩色的基本要素，理解三基色原理及相加混色规律，学习 Photoshop 软件应用，理解彩条信号 $RGB$、$R-Y$、$B-Y$、$G-Y$，掌握标准彩条全电视信号波形。通过视频解码芯片测试，理解解码芯片的功能，测试解码芯片各引脚的电压值，测试解码芯片关键点的信号波形。通过认识液晶电视外部接口的类型，了解液晶电视接口的组成，测试液晶电视各种接口，区别其作用，训练各种类型接口信号的连接方法。项目 4 液晶电视开关电源调试与维修，通过本项目，了解电源电路是液晶电视的重要组成部分。液晶电视一般采用开关电源，通过讲解鸿岚液晶电视开关电源的组成、工作原理以及训练开关电源的调试技能与维修技能，使读者具备开关电源调试与维修的基本技能。项目 5 液晶电视显示电路调试，本项目通过液晶电视整机视频缩放电路及显示电路调试与维修，掌握液晶电视整机的视频缩放电路及显示电路的组成及信号流程；掌握用软件的方法调试电视整机，达到提高液晶电视显示电路调试和维修能力。项目 6 液晶电视机 3C 认证安全检验，本项目介绍我国强制性产品认证制度引入，主要围绕液晶电视机 3C 认证中的安全检测展开，介绍液晶电视机的安全检测标准，安全检测的基本原则以及安全检测中的试验方法，使读者了解家中的一台液晶电视机要获得一张 3C 证书，在安全检测方面需要经历的一系列检验流程；并从液晶电视机的安全检测国家标准中提取了一些基本试验项目，让读者能更深入体验液晶电视机安全检验的试验方法，丰富读者对整机学习的全面性。

全书由冯跃跃主编，王玥玥、陈强、康东、丁传澄参编。项目 1 由冯跃跃编写，其中 1.4 电子显示技术由丁传澄编写；项目 2、项目 3 由王玥玥编写；项目 4、项目 5 由陈强编写；项目 6 由康东编写。全书由冯跃跃定稿。

本教材特别邀请企业工程师参与编写企业实际项目案例，参加编写的是北京泰瑞特检测技术服务有限公司康冬，北京京东方股份有限公司丁传澄。

本教材与北京京东方股份有限公司签订校企合作共同编写工学结合项目教学教材协议。

本教材附有教学演示 Flash 动画软件，如有需要可向出版社索取。

为便于开展项目教学中实验实训测试，本教材使用了模拟电视教学机、液晶电视教学机。经多年教学实践，对电视整机实验实训教学起到很好的指导作用。若需要电视教学机详细资料，可通过出版社与编者联系。

由于编者水平有限，书中难免存在错误、疏漏之处，热情欢迎读者批评指正。

编　者

# 目　　录

# 项目 1  认识电视技术与电视整机

## 项目简介

电视机自诞生之日起在短短几十年的时间里成为人类社会中最为重要的视频广播和通信工具,可以说没有电视机技术,就没有我们现在的生活。随着科学技术的进步,电视机也随之进化——从开始的黑白电视到彩色电视、等离子电视、液晶电视、LED 背光电视以及现在的 3D 电视及智能电视。

本项目从介绍电视技术的发展开始,介绍电视技术的发展历程及目前的最新技术,引入电视的最基本扫描成像技术,让读者知道电视成像与电影投影成像的不同之处,认知各种显示技术。简单了解一台电视机的组成电路部分,使读者初步了解电视机中信号流程过程,为以后电视整机的学习打下基础。

## 学习目标

1. 能够运用电视成像原理及像素的概念,分析逐行扫描与隔行扫描原理。
2. 了解各种显示器结构,分析其显示图像原理,各自的特点。
3. 熟练使用数字示波器及电视信号发生器测试,分析视频全电视信号及行场扫描参数。
4. 通过对电视整机内部接口的认读,学习电视整机组成,指出重要元器件位置。
5. 完成项目设计报告编写。

## 教学导航

教学导航介绍本项目的教学方法与学习方法,并分析项目中的重点与难点,供教师和学生参考。

| 教学方法 | 知识重点、难点 | 重点:电视技术发展、电子显示技术、电视整机组成。<br>难点:电子扫描技术。 |
| --- | --- | --- |
| | 操作重点、难点 | 重点:电视重要部件认识,黑白全电视信号测试。<br>难点:黑白全电视信号测试。 |
| | 建议教学方法 | 理论教学、动画演示、一体化(理论与实际操作结合)教学。 |
| | 建议教学学时 | 18 学时。 |

| | | |
|---|---|---|
| 学习方法 | 建议学习方法 | 教师讲授与演示引导学生理解；<br>通过示波器使用掌握黑白全电视信号测试方法。 |
| | 学习参考网站 | http：//tv. zol. com. cn/93/930968. html 电视技术百年历史<br>http：//video. sina. com. cn/v/b/59793614-1341360034. html 电视发展视频<br>http：//topic. pjtime. com/2011/TV_10years/平板电视十年回顾<br>http：//zhidao. baidu. com/question/13115828 电视机的发展历史<br>http：//homea. people. com. cn/GB/41404/9704145. html 辉煌十年历经坎坷 电视机技术发展<br>http：//www. elecfans. com/video/base/2009073182281. html 电视扫描原理<br>http：//article. pchome. net/content-1406280-1. html 激光电视技术 |
| | 理论学习 | 本项目1.3电子扫描技术、1.4电子显示技术。 |
| 项目成果 | 编写项目报告书 | 包括项目计划书、黑白全电视信号测试、电视整机框图绘制、项目总结和项目验收单等。 |

## 学习活动

### 项目1学习活动

| 学习任务 | 学习活动 | 学时 | 目的及要求 | 授课形式 | 作业 |
|---|---|---|---|---|---|
| 项目1 认识电视技术与电视整机 | 1.1 制定项目计划 | 1 | (1) 读懂并理解任务书中所描述的任务目标及要求。<br>(2) 制定工作计划,安排工作进度。 | 理论授课 | 计划书 |
| | 1.2 电视技术的发展 | 1 | (1) 了解电视技术的发展。<br>(2) 了解电视技术的现状。 | 理论授课 | 思考与练习 |
| | 1.3 电子扫描技术 | 2 | (1) 了解电视成像原理,建立像素的概念。<br>(2) 掌握逐行扫描与隔行扫描原理。 | 理论授课 | 思考与练习 |
| | 1.4 电子显示技术 | 4 | (1) 了解 CRT 显示技术。<br>(2) 了解液晶显示技术。<br>(3) 了解 3D 显示技术。 | 理论授课 | 思考与练习 |
| | 1.5 电视基础信号的测试 | 4 | (1) 了解视频全电视信号组成。<br>(2) 掌握图像信号、消隐信号、同步信号的参数。<br>(3) 学习仪器使用方法。 | 一体化课 | 测试报告 |
| | 1.6 电视整机组成框图 | 4 | (1) 了解电视整机组成,指出重要元器件。<br>(2) 理解电视整机框图,整机接口简介。 | 一体化课 | 绘制框图 |
| | 1.7 项目验收、答辩、提出改进建议 | 2 | (1) 能够简述电视技术发展,电子扫描的工作原理,电子显示原理,视频全电视信号测试过程,整机接口认读,并能正确回答问题。<br>(2) 针对本人的项目成果,相互评价并提出改进意见。 | 一体化课 | 项目报告 |

# 1.1　制定项目计划

本次教学活动采用讲授的方式,首先由教师介绍本项目内容,解读项目任务书;在介绍如何编写制定工作计划的过程中,让学生分组讨论,提出制定项目计划中的问题。

(1)介绍学习方法,了解本课程内容。

(2)了解本项目内容。

(3)如何读懂项目任务书中所描述的任务目标及要求。

(4)制定工作计划,安排工作进度。

## 1.1.1　情景引入

电视的传播方式的产生和效应不仅改变了人们的思维方式,而且成为当今人类精神生活中的重要组成部分,渗透到人类生活的衣、食、住、行、娱乐和教育等方面。可以说20世纪80年代以后出生的人,是看着电视长大的,电视作为大众媒体的重要传播工具,在现代人生活中必不可少。

自从诞生之日起,电视机在短短几十年的时间里成为人类社会中最为重要的视频广播和通信工具,可以说没有电视机的显示技术,就没有我们现在的生活。我们玩的游戏机和现在用的手机也会是另一个模样。随着科学技术的进步,电视机也随之进化,从开始的黑白电视到彩色电视、等离子电视、液晶电视、LED背光电视,至少有4代以上的产品登陆到市场,图1-1为电视机百年的演变历程。

**开山鼻祖:CRT显像管电视**

从1883年Nipkow(尼普柯夫)第一次尝试传输图像到1923年发明电子扫书描式显像管直至1925年第一台电视的试播。

显像管电视的成像原理就是通过电子枪发射电子束,利用电磁立场对电子束的偏转作用控制电子的方向来轰击荧光屏上荧光粉,从而产生图像。

**CRT显像管彩色电视**

1951年发明三枪荫罩式彩色显像管是显像管电视发展史上一个里程碑事件,它的发明使彩色显像成为可能。

第2代超薄电视　　第1代超薄电视　　　传统显像管电视

**超薄显像管电视**

进入 20 世纪 90 年代,背投、等离子等新技术已经威胁到了 CRT 电视的生存,于是显像管电视开始了以"大、轻、薄"为目的的新一轮技术革新,先后推出了 34 英寸和超薄显像管电视。

**昙花一现:背投电视**

在 19 世纪 80 年代,几个厂家合作开发出一种利用反射成像的显示技术,它可以解决显像管的清晰度低、不能制造大尺寸屏幕的问题,在世界上引起了很大反响,一度兴起了"背投将代替显像管"的舆论。背投发展到现在一共有 CRT 背投、DLP 背投、LCOS 背投、液晶背投 4 大类。背投彩电可以达到 52 英寸,是显像管所无法比拟的。

**平板电视等离子电视**

等离子电视技术在 20 世纪 70 年代被提出,最早生产的等离子产品主要用于户外显示文字和简单的图像。1997 年 12 月,日本先锋推出第一台家用等离子电视,使等离子电视第一次进入家庭使用。等离子电视的成像原理通俗地说就是在两张玻璃板之间充填中性的放电气体,施加电压使之产生离子气体激励平板显示屏上的红、绿、蓝三基色磷光体荧光粉发出可见光。

**平板电视 LCD 液晶电视**

液晶电视是目前主流平板电视市场的另一重要组成部分,LCD 液晶电视的工作原理可以概括为两张玻璃基板之间加入液晶分子,通入电压后分子排列发生曲折变化,通过电子群的冲撞,制造画面并通过外部光线透视反射形成画面。

1888 年奥地利植物学家发现了液晶分子,但是直到 1968 年美国才做出 LCD 产品。1972 年夏普推出了世界第一台液晶电子计算器,标志着液晶正式进入显示领域。1996 年日本索尼公司制造出第一台液晶电视。

**平板电视 LED 液晶电视**

LED 液晶电视是依托液晶技术经过改良背光源后推出的新一代产品。前面提到过液晶电视的成像是需要光源支持的，为传统的液晶电视提供光源的是冷凝式灯管，这种灯管寿命短、发光质量差，不能还原出优秀的画面。而采用 LED 背光照明后，色域和对比度被扩大，色彩效果有明显的提升，画面显示更加真实、自然。由于 LED 背光源的体积比冷凝式灯管小，所以 LED 液晶电视的厚度进一步减小。

**平板电视 OLED 液晶电视**

OLED 液晶应用于手机等小屏幕产品时间较早，最近才被应用到电视制造领域。其成像原理是在原有液晶板电极之间夹上有机发光层，当正负极电子在此有机材料中相遇时就会发光，从而成像。OLED 将液晶电视厚度降到了几乎不可能再薄的地步，左图所示的 OLED 液晶电视只有 3 mm 的厚度。除了厚度降低外，OLED 还能有效地提升色彩。

**智能电视**

所谓智能电视，是指像智能手机一样，具有全开放式平台，搭载了操作系统，可以由用户自行安装和卸载软件、游戏等第三方服务商提供的程序，通过此类程序来不断对彩电的功能进行扩充，并可以通过网线、无线网络来实现上网冲浪这类彩电的总称。

**3D 电视**

3D 电视是三维立体影像电视的简称。它利用人的双眼观察物体的角度略有差异，因此能够辨别物体远近，产生立体的视觉这个原理，把左、右眼所看到的影像分离，从而令用户无须借助立体眼镜即可裸眼体验立体感觉。英国当地时间 2010 年 1 月 31 日，在英超曼联对阵阿森纳的比赛中，英国天空体育频道有史以来首次使用 3D 技术对这场比赛进行电视直播。

图 1-1 电视机百年的演变历程

通过项目 1 认识电视技术和电视整机的学习,就是要激发学生学习电视技术的兴趣,了解电视的发展过程,了解电视的成像原理,了解电子显示技术,了解电视机的基本组成,为以后的学习打下基础。

**小提示:**

一般人看电视是作为普通的观众欣赏电视节目。但是作为电子工程专业的教师和学生,从现在开始我们的角度就要更换了,我们要从专业技术的角度出发,观看、分析我们每天接触的电视机。

### 1.1.2 实施步骤

(1)制定工作计划。

(2)了解电视技术的发展历史。

(3)学习电子扫描技术。

(4)学习电子显示技术。

(5)学习视频全电视信号测试。

(6)学习电视整机组成框图。

(7)对项目完成情况进行评价,项目完成过程中提出问题并找出解决的方法,撰写项目总结报告。

根据以上项目实施步骤,制定项目任务书,指导学生学习项目任务书,了解项目的基本要求,以供教师教学及学生学习参考。

### 项目任务书

教师指导学生学习项目任务书,了解项目的基本要求。

项目1任务书

| 课程名称 | | 项目编号 | 1 |
|---|---|---|---|
| 项目名称 | **认识电视技术与电视整机** | 学 时 | 18(理论8,一体化10) |
| 目 的 | 1. 能够运用电视成像原理及像素的概念,分析逐行扫描与隔行扫描原理。<br>2. 能够了解各种电子显示器件的组成结构,了解其工作过程。<br>3. 能够熟练使用数字示波器及电视信号发生器测试视频全电视信号,分析视频全电视信号及行场扫描参数。<br>4. 能够通过对电视整机内部接口的认读,学习电视整机组成,指出重要元器件位置,理解电视整机框图。<br>5. 完成项目设计报告编写。 | | |
| 教学地点 | | 参考资料 | 项目任务、指导书、教材等 |
| 教学设备 | 电视整机、电视教学机、示波器、信号发生器、视频传输线及射频传输线等。 | | |

**训练内容与要求**

**背景描述**

通过学习电视技术的发展,了解电视技术的现状。电视技术是20世纪人类最伟大的发明之一,是人类进行信息传播变革中影响最大的研究成果之一。20世纪初伴随无线电技术的出现,电视技术在照相、传真、电影、无线电通信的基础上逐渐发展起来,到20世纪五六十年代得到很大发展。电视也同电影一样,经历了一个由黑白到彩色的发展过程,美国是世界上最早播出彩色电视节目的国家。1953年,美国国家电视制式委员会提出NTSC(National Television System Committee)制。1954年美国全国广播公司、哥伦比亚广播公司,采用NTSC制式首次播出彩色电视节目。日本、加拿大分别于1957年、1966年采用同一制式播出。1956年,法国提出SECAM制。1960年,联邦德国提出PAL制。为便于转播和交换节目,各国曾多次讨论统一电视制式问题,但由于政治及经济等方面的原因,始终未能达成一致。于是,国际上便形成了3种彩色电视制式同时并存的局面。目前世界上采用PAL制的国家最多,中国所采用的电视制式为PAL/D。了解电视成像原理,建立像素的概念,掌握逐行扫描与隔行扫描原理,了解各种显示器件的组成结构。通过学习电视信号基础,了解视频全电视信号组成,掌握图像信号、消隐信号、同步信号的参数,掌握仪器使用方法。通过对电视整机内部结构的认识,指出重要元器件位置,理解电视整机框图。

**内容要点**

项目1认识电视技术与电视整机

1.1明确任务,制定计划,安排进度

(1)介绍课程内容采用讲授的方式。

(2)解读项目任务书,介绍如何编写制定工作计划的过程中,让学生分组讨论。

(3)学生汇报讨论情况。

1.2电视技术的发展

本活动使学生了解电视技术发展过程,了解数字电视的现状,了解数字电视最新技术。

(1)通过讲授介绍电视技术的发展过程。

(2)播放视频介绍最新电视技术。

1.3电子扫描技术

本活动使学生了解电视成像与电影成像不同,建立像素的概念,通过讲授理论及动画演示,了解逐行扫描和隔行扫描技术。

(1)通过理论授课,讲授电视成像原理。

(2)通过动画演示逐行扫描和隔行扫描技术。

(3)讨论:为何引入隔行扫描技术。

(4)通过理论授课及现场演示,介绍行场扫描过程。

1.4电子显示技术

本活动使学生了解CRT显示、LCD液晶显示、OLED液晶显示及3D显示技术。

(1)通过理论授课,讲授各种显示器组成结构。

(2) 通过理论授课,讲授各种显示器工作原理。

(3) 讨论:CRT 显示与液晶显示比较,LED 显示与 OLED 显示的区别。

(4) 通过软件测试,检验液晶屏的质量。

1.5 电视基础信号的测试

本活动使学生对全电视信号具有初步认识,学习使用示波器测试电视信号,学习信号连接。

(1) 黑白全电视信号:讲解黑白全电视信号结构。

(2) 学生 2～3 人一组,学习使用示波器基本功能。

(3) 黑白全电视信号测试:用电视信号发生器发送黑白全电视信号,结合示波器显示波形,讲解电视信号的组成,同时学生 2～3 人一组轮流测试。

1.6 电视整机组成框图

本活动使学生认识电视整机内部结构组成,通过电视机组成框图的解读,建立实物与图纸的联系。

(1) 电视机组成框图:将电视机后盖打开,对照实物与框图讲解各部分的作用。

(2) 演示实物电视机内部,通过电视教学机模块介绍重要部件的位置、形状和主要作用。

(3) 认识电视整机接口。

(4) 上网查询不同芯片电视机型(CRT、液晶)。

1.7 项目验收、答辩、提出改进建议

讨论:2～3 人一组,交流测试经验。

(1) 讨论:选出本次调试好的学生,介绍体会。

(2) 讨论:教师和学生分别就项目成果交流,提出改进建议。

(3) 答辩,正确回答问题,针对自己调试的电路提出改进意见。

(4) 写出完整的项目设计报告。

**注意事项**

(1) 人身及用电安全规范。

(2) 电子元件焊接工艺规范。

(3) 电子整机装配工艺规范。

(4) 电子测量仪器操作规范。

**评价标准**

**1. 良好**

① 能正确回答教师提出的相关理论问题。

② 能正确使用数字示波器测试视频全电视信号,分析各部分参数指标。

③ 能正确指出电子整机内部重要器件的位置,并说明作用及使用注意事项。

④ 能正确识读电视整机框图,简述信号流程。

⑤ 按时完成各种项目报告,报告内容充实。

**2. 优秀**

在达到良好的基础上,同时又具备以下条件。

① 理论问题回答准确、理解深刻、表述清晰、有独立的见解。

② 信号调试仪器使用熟练、测试结果通过快、参数指标高,能较熟练排除故障。

③ 项目报告内容有特色,能客观地进行自我评价、分析判断并论证各种信息。

**3. 合格**

① 能够回答部分理论问题。

② 能够使用示波器测试部分视频全电视信号。

③ 能指出部分电子整机内部重要器件的位置。

④ 按时完成项目设计报告,报告内容基本完整。

**4. 不合格**

有下列情况之一者为不合格。

① 不会使用数字示波器。

② 不能认读电视整机内部任何器件。

③ 项目报告存在抄袭现象。

④ 未能按时递交项目报告。

不合格者须重做。

# 1.2　电视技术的发展

电视(Television)技术是 20 世纪人类最伟大的发明之一,是人类进行信息传播变革中影响最大的研究成果之一。20 世纪初伴随无线电技术的出现,电视技术在照相、传真、电影、无线电通信的基础上逐渐发展起来,到 20 世纪五六十年代得到很大发展。在现代社会里,没有电视的生活已不可想象。各种型号、各种功能的黑白和彩色电视以及现在的数字液晶电视从一条条流水线上源源不断地流入世界各地的工厂、学校、医院和家庭,正在奇迹般地迅速改变着人们的生活。形形色色的电视,把人们带进了一个五光十色的奇妙世界。

## 1.2.1　模拟电视的发展

跟我学：模拟电视技术发展

人类进入文明社会以后发明了文字,用于记载事件并使其得以流传,但文字的表现能力有限,不能直观地反映出历史瞬间,于是就出现了对画面的各种记录方法。由于生产力和科技水平的局限,古代只能使用绘画的办法来直观地记录画面,这种方法需要耗费较长的时间,而且不能实时地反映出情况的变化,还会受到绘画者的水平、偏好、倾向的影响,真实度不够。1839 年,法国画家达盖尔发明了世界第一台可携式照相机,标志着人类社会进入了影像时代。但是人们没有就此满足,他们还希望照片"动"起来,可以连续地记录影像资料,直到 1880 年法国生理学家马莱伊发明第一台摄像机,人类终于实现了用时间跨度记录画面的梦想,当时拍摄的影片只能投射到大屏幕上观看。随着摄像技术的发展,这种需要占用专门场地播放的方式越来越不能满足大众的观看要求,于是智慧的人类又发明了一个可以在家中观看影片的机器——电视。

模拟电视技术在电视技术的发展中起着重要的作用,在现代社会中电子图像显示器之所以能够如此普及,主要靠的是电视广播。因为作为信息媒体的终端设备的电视,其最大特点是动态图像的实时传送和显示。为了能做到实时,摄像、传送和显示全部都用模拟方式的电子手段来实现,这是电视的一个重要特点。早在 19 世纪 80 年代,法国和美国就同时提出了动态图像的分解、复合方法。模拟电视的发展历程见表 1-1。

表 1-1　模拟电视发展历程简表

| 时间 | 电视的发展 |
| --- | --- |
| 1880 年 | 法国和美国同时提出动态图像的分解、复合方法的设想 |
| 1884 年 | 德国 Nipkow 圆盘(机械扫描方法) |
| 1897 年 | 德国 Brown 发明阴极射线管 |
| 1907 年 | 俄国 Rosing 使用阴极射线管进行图像显示实验 |
| 1908 年 | 英国 Swinton 提出全电子式电视的设想 |
| 1925 年 | 英国 Baird 完成了最早的电视摄像和显示实验(机械式) |
| 1926 年 | 日本高柳健次郎完成了使用阴极射线管的电视显示实验(机械—电子式) |
| 1928 年 | 英国 Baird 实现最早的彩色电视实验(机械式,顺序制彩色化) |
| 1929 年 | 美国 Ives 进行了彩色电视实验(机械化,同时制彩色化) |
| 1933 年 | 美国 Zworykin 发明了光电摄像管(全电子式电视) |
| 1936 年 | 英国 BBC 开始了世界上最早的公共电视实验广播 |
| 1951 年 | 美国 CBS 进行场顺序制彩色电视实验广播 |
| 1953 年 | 美国 NTSC 制定彩色电视制式(同时制),1954 年开始广播。日本于 1953 年开始黑白电视广播 |
| 1960 年 | 日本开始彩色电视广播 |
| 1967 年 | 欧洲采用 PAL、SECAM 制式开始彩色电视广播 |

传统的模拟电视简称为 ATV,现有主要用于地面波电视广播的 NTSC、PAL、SECAM 和用于卫星电视广播的 MAC 四种制式,已有半个世纪以上的历史。四种制式的主要区别只是彩色信号的处理方式不同。从扫描格式上分,只有 525 行 60 场隔行扫描和 625 行 50 场隔行扫描两种扫描方式,各种制式的视频带宽基本相同。

小演示:
电视技术发展历史百年回顾 http://tv.zol.com.cn/93/930968.html

## 1.2.2　数字电视的发展

跟我学:数字电视技术发展

数字电视是电视技术从黑白向彩电发展之后的第 3 代电视,是电视技术发展史上新的里程碑,将和第 3 代移动通信网络、下一代因特网一起成为影响未来发展的三大骨干网之一。数字电视的热潮正在兴起,在日本和欧美地区,数字电视已开始普及,传统的模拟电视将退出历史舞台。在美、欧等技术先进国家大力发展数字电视的影响下,我国也开展了发展数字高清晰度电视的研究。

人们常说:"电视不如电影好看",主要是指电视画面的清晰度远比电影画面差。的确,现在世界上通行的 625 行和 525 行电视扫描方式,其画面清晰度远远比不上 16 mm 胶片,更不要说与 35 mm 胶片相比了。影响电视清晰度的主要原因是视频通带窄、亮度和色度分离(Y/C 分离)不彻底和场扫描频率低,尤其是后者会引起大面积闪烁。当初之所以采用 625/525 行的扫描方式,是根据当时的技术水平决定的,是质量与造价的一种折中。只有把扫描线数提高到 2 000 行左右,电视的画质才可以媲美 35 mm 电影胶片的画面。要想彻底改善电视画面的清晰度,唯有走数字化的道路。

数字电视广播,既可以用于标准清晰度电视广播(SDTV),也可用于高清晰度电视广播(HDTV)。1996 年年底,美国联邦通信委员(FCC)制定了相关的法规,规定所有在美国的 HDTV 电视机必须采用数字技术,但这并不意味着所有数字电视机都必须是高清晰度的,同时还有其他的可能性。

数字电视广播制式总其有五种。其中,标准清晰度电机广播有 480i 和 480p 两种,高清晰度电视广播有 720i、720p 和 1 080i 三种。其中数字表示有效扫描线数,i 和 p 表示扫描方式,i 为隔行扫描(Interlace Scan),p 为逐行扫描(Progressive Scan)。通过以上不同参数的组合来决定广播的方式,如 480p 即对扫描线数为 480 线的逐行扫描,480i 就是 480 线的隔行扫描。如果扫描线的数目相同,则逐行扫描的垂直清晰度约等于隔行扫描的 1.5 倍左右,480i 与当前的模拟电机广播相同,属于相当低的水平。以前由于电视机的画面不大,隔行扫描的画面还可以容忍。随着大屏幕电视的普及,图像的闪烁问题变得更加明显,扫描线显得非常碍眼,必须采用逐行扫描方式加以改善。画面宽高比有 4∶3 和 16∶9 两种,其中只有 480i 和 480p 同时有 4∶3 和 16∶9 两种方式,其余均只有 16∶9。480i 和 480p 属于 SDTV,只有 16∶9 宽屏和高清晰度的系统才是真正的 HDTV。

目前还没有国际统一的 HDTV 通用标准。美国、加拿大、韩国、中国台湾地区、阿根廷等同意使用一种由 ATSC 工业集团建议的制式。欧洲国家和澳大利亚则使用另一种称为 DVB-T 的系统。两者的信号传输方式和编码方式均不相同,相互之间是不兼容的。而日本又另起炉灶,他们自 1989 年以来已开始播放了一种完全不同的模拟 HDTV,但在 1997 年又决定实行数字化,日本的 HDTV 系统 2003 年改为与 DVB-T 相似但却不完全一样的制式。

日本是最早开发 HDTV 电视的国家,早在 1964 年就开始研究 HDTV,1985 年已建立了 1 125 线、60 帧的 MUSE 模拟制式,1988 年率先在汉城奥运会进行试播。1989 年,NHK 开始进行 HDTV 的广播演示,到 1991 年年底,每天定时播放 8 小时。索尼也于 1990 年年底发行了第一卷 HDTV 录影带。遗憾的是,日本把所有的精力放在力求提高已经过时的模拟电视的清晰度上,走了一段很长的弯路。他们梦想建立一个全球性的高清晰度电视标准,却忽视了数字技术发展的大趋势,从而使日本的数字电视技术比欧美落后四五年。1993 年,日本才开始研究全新概念的电视广播 ISDH(综合业务数字广播),1994 年 11 月,在国际电联无线电通信部门会议上,日本决定采用 MPEG-2 作为数字电视广播的技术基础,正式开始迈向数字电视。

1998 年 11 月 1 日,数字电视在美国和英国同时开播,开始了从模拟电视广播转入数字时代的进程。

为了能更顺利地从模拟电视过渡到数字化高清晰电视,各国还采取了一些折中性的数字电视广播方案,其主要特色是采用数字压缩编码技术降低信号带宽,使清晰度介于模拟电视与 HDTV 电视之间，如美国 Direct TV 系统、日本的 Perfect TV 系统和欧洲的 DVB-S 系统等。使用模拟电视机的用户如果暂时不想更换成数字电视机，可以购买一个机顶盒，将数字信号变成模拟信号。

**小演示：**

近十年电视技术发展 http://homea.people.com.cn/GB/41404/9704145.html

激光电视 http://article.pchome.net/contert-1406280-1.html

数字电视已成为当今世界电视发展的趋势。截止到 2010 年 6 月 30 日，我国各省份及直辖市有线高清数字电视用户规模已达 129.8 万户，占国内有线数字电视用户总量的 1.8%，我国有线高清电视数字电视用户增量规模为 76.1 万户。数字电视和模拟电视最大的区别在于数字电视的图像清晰而稳定，在覆盖区域内图像质量不会因信号传输距离的远近而变化，在信号传输整个过程中外界的噪声干扰都不会影响电视图像，而高清数字电视是推动数字电视发展主要动力之一。2008 年，北京奥运会成为了奥运历史上首次全部采用高清信号转播的奥运会。到 2009 年年底，全国 37 个省会和计划单列市的地面数字电视网络都将有高清电视广播。

我国高清数字电视发展未来趋势，根据络达咨询《中国高清数字电视市场发展状况及竞争趋势分析报告（2010 年版）》显示，未来的五年里，高清数字电视机将出现飞速的发展，预计到 2015 年全国有线高清数字电视用户市场规模可达 1 200 万户。按照国家广电总局的规划，我国于 2008 年全面推广高清数字电视的地面传输，中央电视台在高清上的巨大投入和《央视高清》频道的开播，无疑会促进高清节目的生产，并推动高清设备的快速增长，对国内高清产业链的发展起到重要的作用。

三网融合为高清数字电视提供机遇。三网融合指的是互联网、电信网、广电网三张网的互相渗透融合，随着新技术和新功能的增加，能更好满足消费者家庭娱乐的体验必将成为电视机竞争的核心方向，高清数字电视的普及不言而喻。三网融合是一场真正的"宽带革命"，丰富的节目内容或服务应用将推进宽带建设和光通信的飞跃发展。光纤通信以其通信容量大、传输距离远、保密性好等优点，在产业中逐步形成了"光进铜退"的趋势，为广电运营商应用光纤接入技术进行有线电视的双向改造，提供高清视频点播、3D 游戏等高附加值互动服务提供了可能。同时，三网融合还会衍生出丰富的增值业务，如多样化的高质量视频、语音、图文等多媒体应用，这些应用将进一步加强人与人之间的沟通能力，提高人们的生活品质。三网融合为高清电视的发展和普及提供了难得的机遇，为高清互动、高清机顶盒、高清一体机市场的繁荣提供了政策支持。

**思考与练习**

1. 电视机百年经历了哪些阶段？

2. 简述模拟电视技术的发展历程。

3. 简述数字电视技术的发展历程。

4. 数字电视广播制式有哪五种？

# 1.3　电子扫描技术

电视技术利用光电转换原理实现光学图像到电视信号变换,利用人眼的视觉惰性,在发送端可以将图像中的像素按一定顺序一个一个地传送,而在接收端再按同样的规律重显原图像。只要这种顺序进行的足够快,人眼就会感觉图像上在同时发亮,在电视技术中将这种传送图像的既定规律称为扫描。

## 1.3.1　像素及顺序传送

跟我学：像素及顺序传送

### 1. 像素

"像素"(Pixel)是由 Picture(图像) 和 Element(元素)这两个单词的字母所组成的,是用来计算数码影像的一种单位,如同摄影的相片一样,数码影像也具有连续性的浓淡阶调。若把影像放大数倍,会发现这些连续色调其实是由许多色彩相近的小方点组成,这些小方点就是构成影像的最小单位"像素"。这种最小的图形单元能在屏幕上显示通常是单个的染色点。越高位的像素,其拥有的色板也就越丰富,越能表达颜色的真实感。

一幅平面图像,根据人眼对细节分辨力有限的视觉特性,总可以看成是由许许多多的小单元组成。在图像处理系统中,这些组成画面的细小单元称为像素。像素越小,单位面积上的像素数目就越多,由其构成的图像就越清晰。像素示意图如图 1-2 所示。

图 1-2　像素示意图

**小常识：**

一幅模拟电视图像大约 40 万个像素。

一幅标清电视图像大约 100 万个像素(垂直扫描线 720 以下为标清)。

一幅高清电视图像大约 200 万个像素(1 920×1 080)。

**2．图像的顺序传送**

同电影相似，电视利用人眼的视觉残留效应显现一帧帧渐变的静止图像，形成视觉上的活动图像。电视系统的发送端把景物的各个微细部分按亮度和色度转换为电信号后，顺序传送。在接收端按相应的几何位置显现各微细部分的亮度和色度来重现整幅原始图像。

电视信号从点到面的顺序取样、传送和复现是靠扫描来完成的。各国的电视扫描制式不尽相同，在中国是每秒 25 帧，每帧 625 行。每行从左到右扫描，每帧按隔行从上到下分奇数行、偶数行两场扫完，用以减少闪烁感觉。扫描过程中传送图像信息。当扫描电子束从上一行正程结束返回到下一行起始点前的行逆程回扫线，以及每场从上到下扫完回到上面的场逆程回扫线均应予以消隐。在行场消隐期间传送行场同步信号，使收、发的扫描同步，以准确地重现原始图像。

电视摄像是将景物的光像聚焦于摄像管的光敏（或光导）靶面上，靶面各点的光电子的激发或光电导的变化情况随光像各点的亮度而异。当用电子束对靶面扫描时，即产生一个幅度正比于各点景物光像亮度的电信号。传送到电视接收机中使显像管屏幕的扫描电子束随输入信号的强弱而变。当与发送端同步扫描时，显像管的屏幕上即显现发送的原始图像，如图 1-3 所示。

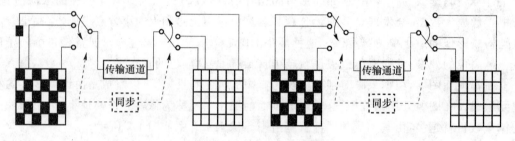

图 1-3　电视图像的顺序传送

至于画面的连续感，则是由场扫描的速度来决定的。场扫描越快，形成的单一图像越多，画面就越流畅。而每秒钟可以进行多少次场扫描通常是衡量画面质量的标准，通常用帧频或场频（单位为 Hz，赫兹）来表示，帧频越大，图像越有连续感。我们知道，24 Hz 场频是保证对图像活动内容的连续感觉，48 Hz 场频是保证图像显示没有闪烁的感觉，这两个条件同时满足，才能显示效果良好的图像。其实，这就跟动画片的形成原理是相似的，一张张的图片快速闪过人的眼睛，就形成连续的画面，就变成动画。

图像顺序传送时，首先发送端将图像分解为像素，将光信号变成电信号，依次将电信号经通道发送出去。最后显示端依次将电信号转换成光信号。

电视成像的原理有赖于人眼的视觉暂留这一生理特征。在黑暗的晚上你点燃一根香烟，快速连续挥动香烟时，你看到的就不是香烟头一个红点了，而是一段变化的轨迹，这就是生活中的视觉暂留现象。电视机的成像也利用了人眼视觉暂留这一"生理缺陷"。以黑白电视机显像管（CRT）为例解释成像原理：CRT 由电子枪、偏转线圈、荧光屏等部分构成。电子枪负责发射电子束，该电子束受代表图像内容的图像信号控制；偏转线圈负责使电子束从上到下，从左到右轰击荧光屏，每秒钟做这样的运动 50 次。若是动感画面，由于在摄像时，每秒钟拍25帧画面,相邻的每帧画面只有细小的差别,在屏幕上以50 Hz频率重现画面,故感觉画面是运动的了;荧光屏负责将电子对荧光粉的轰击转化为可见的光信号。

**小提示:**

图像的顺序传送要求以下两点。

(1)要求传送速度快。只有传送迅速、传送时间小于视觉暂留时间,重现图像会给人以连续无跳动的感觉。

(2)传送要准确。每个像素一定要在轮到它传送时才被转换、传送并被接收方接收。

### 1.3.2　逐行扫描与隔行扫描

跟我学：逐行与隔行扫描技术

从以上电视图像的顺序传送可知,电视的成像是依靠逐一扫描形成图像的,这一点与人们通常所知的电影投影成像是不同的。因为有大量排列整齐的像素需要激发,必然要求有规律的电子枪扫描运动才显得高效,通常实现扫描的方式很多,如直线式扫描、圆形扫描、螺旋扫描等。其中,直线式扫描又可分为逐行扫描和隔行扫描两种。电视的扫描技术分为逐行扫描与隔行扫描。在CRT显示系统中两种都有采用,隔行扫描和逐行扫描,一般都是普通CRT电视时用电子枪扫描图像时的一种技术,而液晶一般不用这些名词。

**1. 逐行扫描**

逐行扫描是指电子束从左到右从上到下依次扫描的方式,即电子束产生自左向右、自上而下,一行接一行的运动,因而称其为逐行扫描。从上到下显示一幅图像的扫描称为帧扫描。电子束扫描形成的亮点轨迹称为光栅。逐行扫描光栅示意图如图1-4所示。

逐行扫描是电子束在屏幕上一行紧接一行从左到右的扫描方式,是比较先进的一种方式。扫描线并不是完全水平的,而是稍微倾斜的,为此电子束既要作水平方向的运动,又要作垂直方向的运动。前者形成一行的扫描,称为行扫描,后者形成一幅画面的扫描,称为场扫描。

**小演示:**

利用动画软件演示逐行扫描的正程和逆程的光栅,如图1-4(a)、图1-4(b)所示。

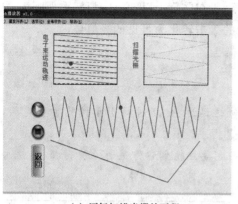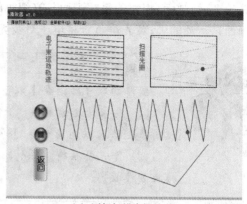

| (a) 逐行扫描光栅的正程 | (b) 逐行扫描光栅的逆程 |

图 1-4　逐行扫描光栅示意图

　　扫描包括上下和左右两个运动的合成，分别称为行扫描和场扫描。当电子束沿水平方向扫描，称行扫描。从左到右称为正程，从右到左称为逆程，简称回扫。当电子束沿垂直方向扫描，称场扫描。从上到下称为正程。从下到上称为逆程，简称回扫。电子束要在屏幕上作上下左右的往复运动扫满整个屏幕，才能看到完整的图像。当行或场扫描缺一时，图像显示现象如图 1-5 所示。

**小演示：**
利用动画软件演示隔行扫描，如图 1-5(a)、图 1-5(b) 所示。

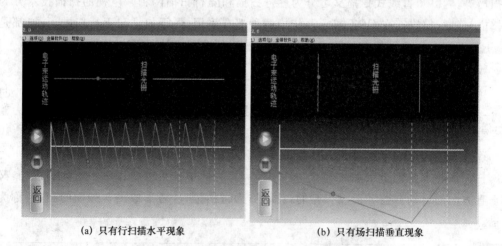

| (a) 只有行扫描水平现象 | (b) 只有场扫描垂直现象 |

图 1-5　行扫描或场扫描发生故障现象示意图

　　故当图像中出现以上其一现象时，说明行或场扫描有问题，应及时查找解决。

**2. 隔行扫描**

　　在隔行扫描中，一张图像的扫描不是在一个场周期中完成的，而是由两个场周期完成的。在前一个场周期扫描所有奇数行，称为奇数场扫描；在后一个场周期扫描所有偶数行，称为偶数场扫描。无论是逐行扫描还是隔行扫描，都是为了完成对整个屏幕的扫描。隔行扫描就是每一帧被分割为两场,每一场包含一帧中所有的奇数扫描行或者偶数扫描行,通常是先扫描奇数行得到第一场,然后扫描偶数行得到第二场。由于视觉暂留效应,人眼将会看到平滑的运动而不是闪动的半帧半帧的图像。但是这时会有几乎不会被注意的闪烁出现,使人眼容易疲劳。当屏幕的内容是横条纹时,这种闪烁特别容易被注意到。

隔行扫描的行扫描频率为逐行扫描时的一半,因而电视信号的频谱及传送该信号的信道带宽也为逐行扫描的一半。这样采用了隔行扫描后,在图像质量下降不多的情况下,信道利用率提高了一倍。由于信道带宽减小,系统及设备的复杂性与成本也相应减少,这就是世界上早期的电视制式均采用隔行扫描的原因。

在传统的电视中并没有采用逐行扫描的方式。而是采用隔行扫描,这是因为电视技术是采用逐个扫描,扫描正程图像亮,扫描逆程图像暗,会产生闪烁感。为了消除闪烁感,理论上计算要满足融合频率,融合频率是指消除闪烁感的临界频率,与亮度有关,一般用公式(1-1)计算:

$$f = 26.6 + 9.6 \lg B = 45.8 \text{ Hz} \tag{1-1}$$

其中 $B$ 为光通量,单位为 $\text{cd/m}^2$,取中等亮度 $B = 100 \text{ cd/m}^2$,在液晶显示的高清电视中,取值要大一些。CRT 显示融合频率定为 50 Hz,即为了保证电视图像不闪烁,要求帧扫描频率至少为 50 Hz。当每幅图像取 40 万个像素时,计算一下信号传输速率:40 万个像素×50 幅/s=2 000 万个/s。在早期的电视设备中,满足这样大量的信号传输是有一定困难的。所以逐行扫描的矛盾在于,图像在观看时不闪烁,帧频必须大于 50 Hz,而此时信号量很大,使设备无法满足传输要求。为了保证图像不闪烁,信号传输量又合适,技术人员设计的解决方案是采用隔行扫描技术。

**小知识:**
逐行扫描一帧由一场扫描完成,一幅图像只扫描一场。
而隔行扫描一帧分为两场,一幅图像由两场扫描完成。

所谓隔行扫描,就是在每帧扫描行数不变的情况下,将每帧图像分为两场来传送,这两场分别称为奇数场和偶数场。奇数场传送 1、3、5、…奇数行;偶数场传送 2、4、6、…偶数行,如图 1-6 所示。

(a) 隔行扫描偶数场　　　　　　　　(b) 隔行扫描奇数场

图 1-6　隔行扫描奇/偶数场示意图

在隔行扫描中,扫描的行数必须是奇数。一帧画面分两场,第一场扫描总行数的一半,第二场扫描总行数的另一半。隔行扫描要求第一场结束于最后一行的一半,不管电子束如何折回,它必须回到显示屏顶部的中央,这样就可以保证相邻的第二场扫描恰好嵌在第一场各扫描线的中间。正是这个原因,才要求总的行数必须是奇数,如图1-7所示。

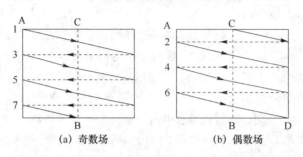

图 1-7 隔行扫描光栅示意图

隔行扫描为使传送活动图像有连续感而不产生闪烁,需每秒扫描 50 场,即场频为 50 Hz。而两场为一帧,则每秒扫描 25 帧画面,即帧频为 25 Hz,从而降低了帧频,压缩了图像信号频带宽度,并克服闪烁现象。

但隔行扫描也会带来许多缺点,如会产生行间闪烁效应、出现并行现象及出现垂直边沿锯齿化现象等。逐行扫描每次显示整个扫描帧,如果逐行扫描的帧率和隔行扫描的场率相同,人眼将看到比隔行扫描更平滑的图像,相对于隔行扫描来说闪烁较小。

目前世界各国电视大多还是采用隔行扫描的扫描方式。利用动画软件演示隔行扫描光栅示意图如图1-8所示。黑白电视和彩色电视都用隔行扫描,而计算机显示图像时一般都采用非隔行扫描。自从数字电视发展后,为了得到高品质的图像,逐行扫描已成为数字电视扫描的优选方案。

**小演示:**
利用动画软件演示隔行扫描,如图 1-8(a)、图 1-8(b)所示。

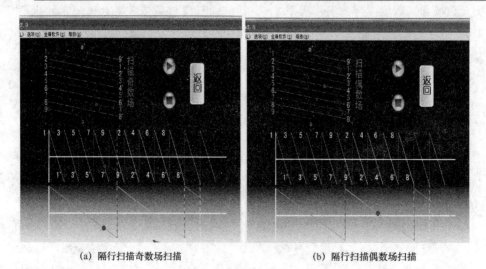

(a) 隔行扫描奇数场扫描　　　　　　　(b) 隔行扫描偶数场扫描

图 1-8 利用动画软件演示隔行扫描光栅示意图

**思考与练习**

1. 什么是像素？电视成像与电影成像有何区别？图像的顺序传送要求？
2. 什么是逐行扫描？什么是隔行扫描？为什么要采用逐行扫描？
3. 什么是扫描正程？什么是扫描逆程？画出隔行扫描光栅示意图。
4. 当光栅出现一条横线或一条竖线的现象时,是出现什么扫描故障？
5. 隔行扫描有哪些不足,数字电视技术首选哪种扫描方式？

# 1.4　电子显示技术

由于人们对视觉效果要求的不断提高,显示技术在现代电视技术中的地位越来越重要。伴随着现代信号处理技术和大规模集成电路技术的飞速发展,显示技术正在发生一场革命,低功耗、小型化、数字化、便携式成为主流。从 CRT(Cathode Ray Tube,阴极射线管)到 LCD(Liquid Crystal Displayer,液晶显示器)、PDP(Plasma Display Panels,等离子显示)、OLED、FED、LED 及 FPD,各种显示技术都在不断发展。以 LCD、PDP、DLP( Digital Light Processing,数字光源处理器)、LCOS( Liquid Crystal On Silicon,硅液晶显示面板)等技术为代表的新兴显示技术,代表了数字电视时代电视机技术发展的方向,注定成为显像管电视机的替代品。每种显示技术都有其存在的优势,也都有其不足之处。本节对主要显示技术加以介绍。

## 1.4.1　CRT 显示技术

跟我学：CRT显示技术

**1. CRT 显示器的结构**

CRT 是德国物理学家 K. F. 布劳恩(Kari Ferdinand Braun)发明的,1897 年被用于一台示波器中首次与世人见面,CRT 得到广泛应用则是在电视机出现以后。

自从 1897 年德国 K. F. 布劳恩发明阴极射线管,用于测量仪器上显示快速变化的电信号,又被用来显示雷达信号,电视技术的发展成为显示技术发展的重要基础。20 世纪 50 年代初期,电子束管开始用于计算机的输出显示。

CRT 显示器是一种使用阴极射线管的显示器,阴极射线管主要由五部分组成:电子枪(Electron Gun)、偏转线圈(Deflection Coils)、荫罩(Shadow Mask)、高压石墨电极和荧光粉涂层(Phosphor)及玻璃外壳。虽然 CRT 显示器目前已逐渐被液晶等新型显示器所代替,但 CRT 纯平显示器具有可视角度大、无坏点、色彩还原度高、色度均匀、可调节的多分辨率模式、响应时间极短等液晶显示器难以超越的优点,而且现在的 CRT 显示器价格要比液晶显示器便宜不少。目前在特殊的场合还需要 CRT 显示器,它清晰度高、成本低、寿命长、技术成熟,但最大的不足在于体积大、重量重、功耗大。CRT 显示器如图 1-9 所示。

图 1-9　CRT 显示器

（1）显像管内部结构

显像管内部结构示意图如图 1-10 所示。

显像管内部结构主要由荧光屏和电子枪两部分组成。荧光屏因玻璃内壁涂有一层荧光粉,在电子束轰击下发光。电子枪由灯丝、阴极、栅极、加速极、聚焦极和高压阳极组成,是显像管的核心部分,电视机的主要信号和各种高、中、低电压要加在电子枪的电极上,所以要了解掌握电子枪各个电极的作用和工作过程。电子枪内部电极分布如图 1-11 所示。

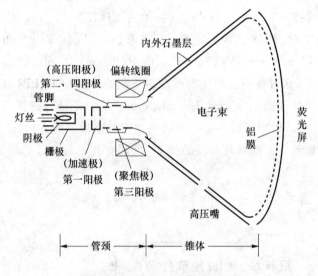

图 1-10　显像管内部结构示意图

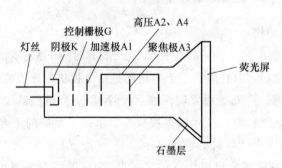

图 1-11　电子枪内部电极分布

（2）显像管各部分的作用

灯丝 F:给阴极加热。

阴极 K:发射电子。（阴极涂有氧化物,受热后易激发电子）

栅极 G：控制发射电子的数量。（加负压,距离阴极近,电压越负电流越小）

加速极 A1（第一阳极）：使电子加速。（几百伏）

聚焦极 A3（第三阳极）：使电子聚焦。（几百伏）

高压 A2、A4（第二、第四阳极）：进一步加速聚焦。（10 kV 以上）

石墨层：涂黑在玻璃外壳内外两层,有以下三个作用。

1）蔽光。提高图像显示亮度,将显像管锥形面玻璃两侧涂上黑色石墨层,达到避光的目的。当电子束打到荧光粉上时,相应的亮度会提高,与在电影院看电影时需要关灯挂窗帘的效果类似。

2）吸收二次电子。电子在加速极和高压的作用下,高速轰击荧光屏发光。高速电子虽然有正阳极电压吸引,但也会有极个别的少数电子发生反弹,像皮球打在墙上会反弹一样。第二次打在屏幕上时,不会落在扫描原来指定的位置上,在屏幕上造成黑斑,严重干扰图像质量。石墨层接到高压上,吸收二次电子,使之不再第二次打到屏幕上。

3）形成高压滤波电容。电子枪中高压极几万伏的高压,是利用行振荡频率 15 625 Hz 经高压包升压得到的,高压滤波电容由于容值小、耐压高,一般电容很难做到,在这里直接利用石墨层作电极,玻璃外壳作为绝缘介质,组成电容器完成直流滤波的作用。所以,高压极不单独设滤波电容。

要特别提到的是,高压极是电视接收机中电压最高的部分,也是在操作维修时要注意安全的地方。高压嘴的附近空气会发生电离,用试电笔放在附近,试电笔会亮,说明空气被高压击穿。有时靠近时会瞬间遭到电击,一定不要用金属工具接触高压嘴附近。但是由于高压电流是微安极别,一旦遇到电击也不会对人身安全造成危害,所以电视高压极的电流属安全电流。

**小警示：**

CRT 显示器 A4 电极高压嘴附近电压高达 2 万～3 万伏,试电笔在附近都会亮,所以要格外小心。

彩色显像管与黑白显像管不同。由于黑白显像管只有亮度信号输入,只需一个电子枪；而彩色显像管由于要显示三基色,故设有红、绿、蓝三个电子枪。荧光屏上涂有品字形的彩色荧光粉,三只电子枪射出的电子束通过荫罩板,荫罩板是上面布满小孔的金属板,每个孔对一组三色点,三色电子束的强弱分别受红绿蓝三个信号电压控制,并使三条电子束会聚在荫照板的小孔内,穿过小孔后又分别去轰击对应的 *RGB* 荧光点使之发光,如图 1-12 所示。

彩色 CRT 显像管与上面介绍的黑白显像管结构基本一致：主要也是由电子枪、偏转线圈、荫罩、荧光粉涂层。其原理是利用显像管内的电子枪,将光束射出,穿过荫罩上的小孔,打在一个内层玻璃涂满了无数三原色的荧光粉层上。电子束会使得这些荧光粉发光,最终形成人们所看到的画面了。而 CRT 尺寸就是显像管实际尺寸,也是通常所说的显示器尺寸,其单位为英寸（1 英寸＝25.4 mm）。

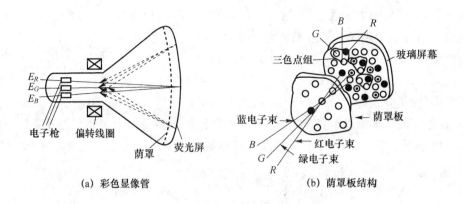

(a) 彩色显像管　　　　　　　　　(b) 荫罩板结构

图 1-12　彩色显像管结构示意图

## 2. CRT 图像显示原理

CRT 画面形成原理是利用人们眼睛的视觉残留特性和荧光粉的余辉作用。只要三支电子束可以足够快地向所有排列整齐的像素进行激发,就可以看到一幅完整的图像。现在的 CRT 显示器中的电子枪能发射这三支电子束,然后以非常快的速度对所有的像素进行扫描激发,如图 1-13 所示。

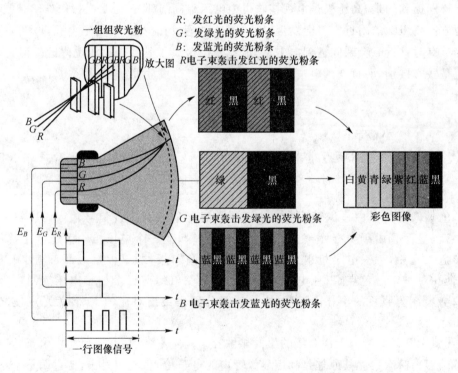

图 1-13　CRT 显像原理

然而在扫描的过程中,怎样可以保证三支电子束准确击中每一个像素呢?这就要借助荫罩,它的位置大概在荧光屏后面(从荧光屏正面看)约 10 mm 处,是厚度约为 0.15 mm 的薄金属障板。它上面有很多小孔或细槽,它们和同一组的荧光粉单元即像素相对应。三支电子束经过小孔或细槽后只能击中同一像素中的对应荧光粉单元,因此能够保证彩色的纯正和正确的会聚,所以我们才可以看到清晰的图像。

　　要形成非常高速的扫描动作,还需要偏转线圈的帮助。通过它,我们可以使显像管内的电子束以一定的顺序,周期性地轰击每个像素,使每个像素发光。而且,只要这个周期足够短,也就是说对某个像素而言电子束的轰击频率足够高,我们就会看到一幅完整的图像。这种电子束有规律的周期性运动叫扫描运动,打亮光栅形成图像,如图 1-14 所示。

**小演示:**
利用动画软件演示显像管内电子束有规律的周期性扫射,如图 1-14 所示。

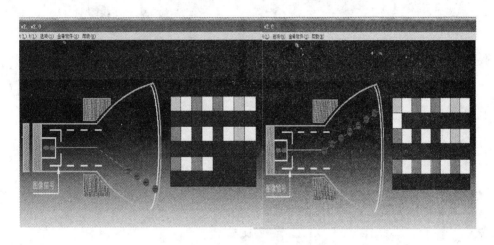

图 1-14　电子束周期性扫射屏幕

**3. 显像管外部组件**

　　显像管工作时,还需要外部组件进行配合,如来自高压包的高压供电、偏转线圈提供的锯齿波电流、消磁线圈及汇聚和色纯调整磁环等,如图 1-15 所示。

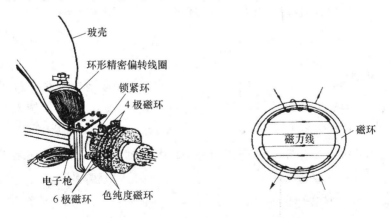

图 1-15　显像管外部组件

其中,显像管电子枪发射的电子,必须在行场偏转线圈中锯齿波电流的作用下完成扫描。偏转线圈的作用是非常重要的,没有偏转线圈,电子只能打在荧光屏的中央。行场偏转线圈外部结构如图 1-16 所示。

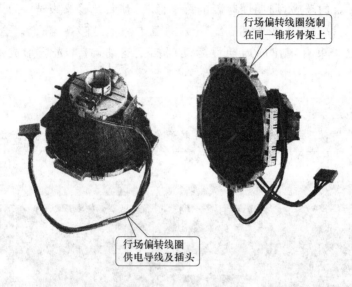

行场偏转线圈绕制
在同一锥形骨架上

行场偏转线圈
供电导线及插头

图 1-16　偏转线圈外部结构

## 1.4.2　LCD 液晶显示技术

跟我学:LCD液晶显示技术

### 1. 液晶显示原理

液晶是一种介于固态和液态之间的物质,是具有规则性分子排列的有机化合物。如果把它加热会呈现透明状的液体状态,把它冷却则会出现结晶颗粒的混浊固体状态,正是由于它的这种特性,所以被称之为液晶(Liquid Crystal)。用于液晶显示器的液晶分子结构排列类似细火柴棒,也称为向列型(Nematic)液晶,采用此类液晶制造的液晶显示器就称为 LCD(Liquid Crystal Display)。液晶显示器(LCD)的显像原理,是将液晶置于两片导电玻璃之间,靠两个电极间电场的驱动,引起液晶分子扭曲向列的电场效应,以控制光源透射或遮蔽功能,在电源关开之间产生明暗而将影像显示出来。若加上彩色滤光片,则可显示彩色影像。在两片玻璃基板上装有配向膜,所以液晶会沿着沟槽配向。由于玻璃基板配向膜沟槽偏离 90°,所以液晶分子成为扭转型。当玻璃基板没有加入电场时,光线透过偏光板跟着液晶作 90°扭转,通过下方偏光板,液晶面板显示白色,如图 1-17(a)所示;当玻璃基板加入电场时,液晶分子产生配列变化,光线通过液晶分子空隙维持原方向,被下方偏光板遮蔽,光线被吸收无法透出,液晶面板显示黑色,如图 1-17(b)所示。液晶显示器便是根据此电压有无,使面板达到显示效果。

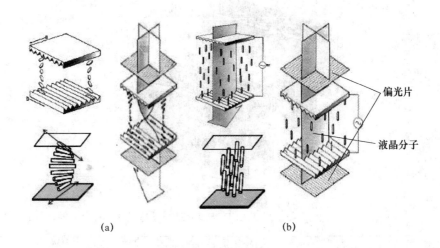

图 1-17 液晶显示原理图

### 2. 液晶屏组成结构

液晶电视是在两张玻璃之间的液晶内,加入电压,通过分子排列变化及曲折变化,再现画面,屏幕通过电子群的冲撞,制造画面并通过外部光线的透视反射来形成画面。

液晶显示器是靠后方一组日光灯管发光,然后经由一组镜片与背光模块,将光源均匀地传送到前方,依照所接收的影像讯号,液晶像素玻璃层内的液晶分子会作相对应的排列,决定哪些光线是需偏折或阻隔的。图 1-18 为 TFT-LCD 液晶显示屏结构。

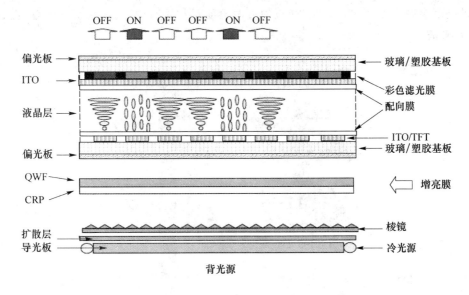

图 1-18 TFT-LCD 液晶显示屏结构

TFT-LCD 液晶显示屏立体结构如图 1-19 所示。

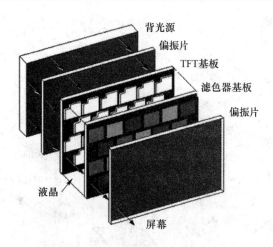

图 1-19　TFT-LCD 液晶显示屏立体结构

**小知识:**
计算机、液晶电视上用的都是薄膜晶体管液晶显示器,其英文名称为 Thin-Film Transistor Liquid Crystal Display(TFT-LCD)。从它的英文名称中可以知道,这种显示器的构成主要有两个特征,一个是薄膜晶体管,另一个是液晶本身。

（1）偏光板(Polarizer)工作原理

把两片偏光板叠在一起,当旋转两片偏光板的相对角度,会发现随着相对角度的不同,光线的亮度会越来越暗;当两片偏光板的透振角度互相垂直时,光线就完全无法通过了,如图 1-20 所示。

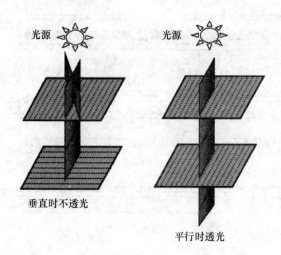

图 1-20　偏光板工作原理

（2）TFT 基板

液晶显示器需要电压控制来产生灰阶。薄膜晶体管只是一个开关,它主要是决定液晶源极驱动上来的电压是不是要充到这个像素点来,以及这个点要充到多高的电压,以控制该点液晶转向,以便显示出怎样的灰阶。

从切面结构图来看,在两层玻璃间,夹着液晶,两层玻璃间形成平行板电容器,它的大小约为 0.1 pF。这个电容太小,当通过 TFT 对这个电容充好电后,它并无法保持电压,以等待下一个画面的更新(一般 60 Hz 的画面更新频率,需要保持约 16 ms 的时间),这样一来,所显示的灰阶就会不正确。因此一般在液晶板上会再加一个储存电容($C_S$,大约为 0.5 pF),以便让充好的电压能保持到下一个画面的更新,如图 1-21 所示。

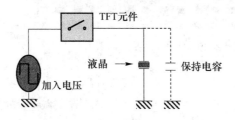

图 1-21　TFT 薄膜晶体管供电

TFT 阵列等效电路如图 1-22 所示,因 TFT 组件的动作类似一个开关(Switch),液晶组件的作用类似一个电容,即 Switch 的 ON/OFF 对电容储存的电压值进行更新/保持。SW ON 时信号写入(加入、记录)在液晶电容上,在以外时间 SW OFF,可防止信号从液晶电容泄漏。在必要时可将保持电容与液晶电容并联,以改善其保持特性。

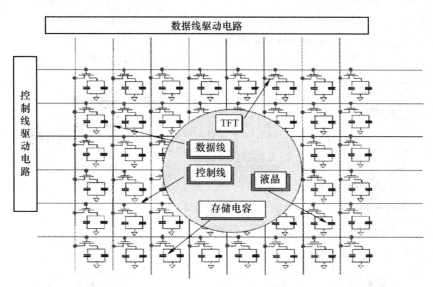

图 1-22　TFT 阵列等效电路

每一个 *RGB* 的点之间的黑色部分,叫做黑色矩阵(Black Matrix),它主要是用来遮住不打算透光的部分(例如一些 ITO 的走线,或者是 TFT 的部分。每一个 *RGB* 的亮点看起来并不是矩形),在其左上角也有一块被黑色矩阵遮住的部分,这就是 TFT 所在的位置。如图 1-23 所示。

27

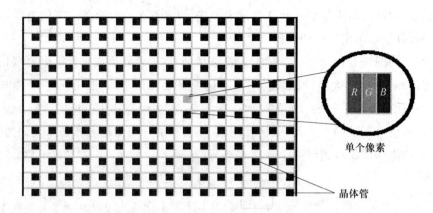

单个像素

晶体管

图 1-23 黑色矩阵

图 1-24 放大镜下观测三基色

（3）彩色滤光片（Color Filter,CF）

如果拿着放大镜,靠近液晶显示器,会发现图 1-24 中所显示的图像。

我们把 RGB 三种颜色,分成独立的三个点,各自拥有不同的灰阶变化,然后把邻近的三个 RGB 显示的点,当做一个显示的基本单位,也就是像素,这个像素就可以拥有不同的色彩变化。

对于一个需要分辨率为 1 024×768 的显示画面,只要让这个平面显示器的组成有 1 024×768 个像素,便可以正确地显示这一个画面。

常见的彩色滤光片的排列方式,如图 1-25 所示。

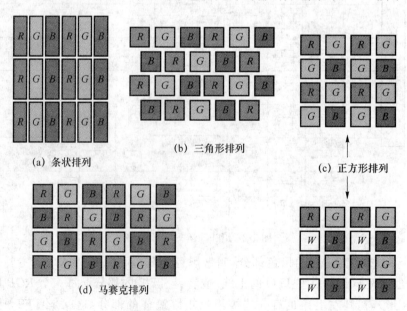

(a) 条状排列

(b) 三角形排列

(c) 正方形排列

(d) 马赛克排列

图 1-25 常见的彩色滤光片排列方式

条状排列在笔记本式计算机或台式计算机中最为常用。其原因是现在的软件,多半都是窗口化的,人们所看到的屏幕内容,就是一大堆大小不等的方框所组成的。条状排列,恰好可以使这些方框边缘看起来更直,而不会看起来有毛边或是锯齿状的感觉。音视频(AV)产品上,因为电视信号多半是人物,其轮廓大部分是不规则的曲线,因此 AV 产品都是使用马赛克排列的,现在已改进到使用三角形排列。

除了上述的排列方式之外,还有正方形排列。它并不是以三个点来当做一个像素,而是以四个点来当做一个像素。

(4)背光板(Back Light,BL)

液晶显示器本身,依靠控制光线通过的多少来显示亮度,本身并无发光的功能。因此,液晶显示器就必须加上一个背光组件,来提供一个亮度高、亮度分布均匀的光源,如图 1-26 所示。

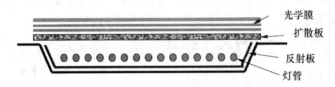

光学膜
扩散板
反射板
灯管

图 1-26　背光板结构

背光板主要由以下零件组成。
- 灯管(冷阴极荧光灯管,CCFL)——发光零件。
- 反射板——使光线只往 TFT-LCD 的方向前进。
- 导光板——将光线分布到各处。
- 棱镜片(Prism Sheet)——增加正面发光强度。
- 扩散板——将光线均匀地分布到各个区域去,缓解辉斑,提供给 TFT-LCD 一个明亮的光源,而 TFT-LCD 则即由电压控制液晶的转动,控制通过光线的亮度,以形成不同的灰阶。

(5)框胶(Sealant)

框胶就是要让液晶面板中的上下两层玻璃,能够紧密黏住,并且提供面板中的液晶分子与外界的阻隔。所以,框胶正如其名,围绕于面板四周,将液晶分子框限于面板之内。

(6)衬垫(Spacer)

衬垫主要是提供上下两层玻璃的支撑。它必须均匀地分布在玻璃基板上,不然就会造成部分衬垫聚集在一起,阻碍光线通过,也无法维持上下两片玻璃的适当间隙,产生电场分布不均的现象,进而影响液晶的灰阶表现。

**小知识:**

液晶电视屏幕由超过二百万个红、绿、蓝三色液晶光阀组成,液晶光阀在极低的电压驱动下被激活,此时位于液晶屏后的背光灯发出的光束从液晶屏通过,产生 1 024×768 点阵(点距为 0.297 mm)、分辨率极高的图像。

先进的电子控制技术使液晶光阀产生 1 677 万种颜色变化(红 256×绿 256×蓝 256),还原真实的亮度、色彩度,再现自然纯真的画面。液晶显像从根本上改变了传统彩电以"行"为基础的模拟扫描方式,实现了以"点"为基础的数字显示技术。

### 3. 液晶显示器结构

液晶显示器主要由以下几个部分组成。

（1）主板：用于外部 RGB 信号的输入处理，并控制液晶模组工作。

（2）电源适配器（Adapter）：用于将 90～240 V 的交流电压转变为直流电压供给显示器工作。

（3）液晶模组(LCM)：该部分为液晶显示用模块，它是液晶显示器的核心部件。

一个完整的模组由金属边框、液晶面板、背光源和驱动电路组成，如图 1-27 所示。随着液晶显示技术不断的发展成熟，用户越来越追求美观和轻薄化。而背光源作为影响液晶显示器件重量和厚度的关键因素，最先需要进行改良，于是就由最初的 CCFL 背光源发展到现在的 LED 背光源，这也就是现在所说的 LCD 液晶电视和 LED 液晶电视最本质的区别。

模组中最核心的液晶面板，以目前主流的 TFT-LCD 为例，又可分为上下偏光片、上下玻璃基板、彩膜、ITO 透明电极、TFT 开关和液晶这几部分，如图 1-28 所示。

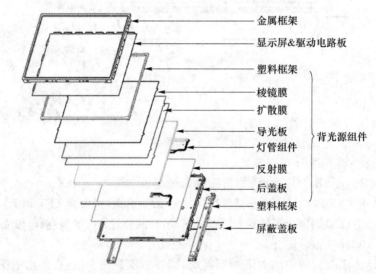

图 1-27　液晶模组结构图

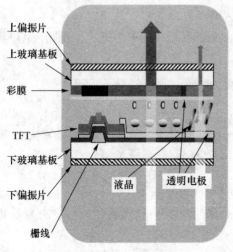

图 1-28　液晶面板结构图

### 4. 主要技术参数

（1）尺寸标示和可视角度

液晶显示器跟 CRT 显示器除显示方式不同以外，最大的区别就是尺寸的标示方法不一样。举例而言，CRT 显示器在规格中标榜为 17 英寸，但实际可视尺寸却绝对达不到 17 英寸，大约只有 15 英寸多些；而就液晶显示器而言，若标示为 15.1 英寸显示器，那么可视尺寸就是 15.1 英寸。综合上面的说法，CRT 显示器的尺寸标示，是以外壳的对角线长度作为标示的依据；而在液晶显示器上面，则只以可视范围的对角线作为标示的依据。

液晶显示器可视角度都是左右对称的,也就是从左边或是右边可以看见荧幕上图像的角度是一样的,而上下可视角度通常都小于左右可视角度。从用户的立场来说,可视角度越大越好。但是大家必须了解可视角度的定义。当我们说可视角度是 80°左右时,表示站在始于显示器法线(显示器正中间的假想线),垂直于法线左方或是右方 80°的位置时,仍可清晰看见显示器上的影像。由于每个人的视力不同,因此我们以对比度为准。在最大可视角度时所量到的对比度越大就越好。

(2) 亮度与对比度(Brightness and Contrast)

液晶面板本身不会发光,那么液晶显示器的亮度除了受其本身的开口率和透过率影响外,最主要由背光源的亮度来决定,通常所说的亮度指的是显示器工作在全白画面下,面板表面的亮度。而对比指的是全白画面下亮度与全黑画面下亮度的比值。亮度过低就会感觉荧幕比较暗,当然亮一点会更好。但是,如果荧幕过亮的话,人的双眼观看荧幕过久同样会有疲倦感产生。因此,对绝大多数用户而言,亮度过高并没有什么实际意义,一般的显示器亮度都在 200 cd/m² 左右,而电视因为观看的距离较远,则需要更高一点的亮度(一般为 300 cd/m² 以上)。亮度和对比度对于液晶显示器影像的呈现,比对 CRT 显示器有更大的影响。高亮度的液晶显示器对于用户而言,感觉会比较好。但是也要提供足够高的对比度来显示亮度,才能确保色彩的真实度和色阶准确度。

(3) 响应时间(Grey to Grey)

所谓"响应时间",就是液晶显示器对于输入信号的反应速度,也就是液晶由暗转亮或者由亮转暗的反应时间。基本上,"响应时间"指标越小越好。响应时间越小,则用户在看移动的画面时不会出现类似残影或者是拖曳的感觉。业内现有关于液晶响应时间的定义,试图以液晶分子由全黑到全白之间的转换速度作为面板整体响应时间的缩影,来代表液晶面板的快慢程度,通常又可称之为"On/Off"响应时间。由于液晶分子由黑到白和由白到黑的转换速度并不是完全一致的,为了能够尽量有意义地标示出液晶面板的反应速度,现又针对响应时间的定义,基本以"黑→白→黑"(亮→暗→亮)全程响应时间为标准。

(4) 显示色彩(Color Depth)

早期的彩色液晶显示器在颜色表现方面,最多只能显示高彩(26 万色)。因此许多厂商使用的 FRC(Frame Rate Control)技术,以仿真的方式来表现出全彩的画面。到了近期,由于技术进步,液晶显示器最起码也能够显示到高彩 16 位元色(红色 $2^5$、绿色 $2^6$、蓝色 $2^5$),色彩表现在 24 位元色的模式也是轻而易举的事。

(5) 屏幕刷新频率(Frame Frequency)

对于液晶显示器来说,刷新率高低并不会使画面闪烁。刷新率在 60 Hz 时,液晶显示器就能获得很好的画面。在液晶显示器中,每个像素都持续发光,直到不发光的信号被送到控制器中,所以液晶显示器不会有因不断充放电而引起的闪烁现象。

(6) 分辨率(Resolution)

液晶显示器的分辨率是由面板的像素数量决定的,每一个像素又由 3 个 R、G、B 的亚像素(Sub-Pixel)组成。以 17 英寸液晶显示器常见的分辨率 1 280×1 024 为例,指的是屏幕的每一行有 1 280 个像素,屏幕一共有 1 024 行这样的像素组成有效显示区域。液晶显示器只有在最大的分辨率下才能表现最佳影像效果。影像分辨率低于或高于最大分辨率时,影像还是可以被呈现,只是所显示的影像效果无法得到优化。所以在使用液晶显示器时,切记将分辨率设定成最高,这样画面所呈现的影像将会越清晰,使用起来感觉会更好。

**5. 液晶显示器的分类介绍**

(1) 常见的液晶显示器按物理结构分类有以下四种。

1) 扭曲向列型(Twisted Nematic,TN)

2) 超扭曲向列型(Super TN,STN)

3) 双层超扭曲向列型(Dual Scan Tortuosity Nomograph,DSTN)

4) 薄膜晶体管型(Thin Film Transistor,TFT)

其中 TN-LCD、STN-LCD 和 DSYN-LCD 的基本显示原理相同,只是液晶分子的扭曲角度不同而已。STN-LCD 的液晶分子扭曲角度为 180°甚至 270°。而 TFT-LCD 则采用与 TN 系列 LCD 截然不同的显示方式。

(2) 四类液晶显示器特点介绍

1) 扭曲向列型

TN 型采用的是液晶显示器中最基本的显示技术,而之后其他种类的液晶显示器也是以 TN 型为基础来进行改良。而且它的运作原理也较其他技术简单。TN 型液晶显示器的简易构造图如图 1-29 所示,包括了垂直方向与水平方向的偏光板,具有细纹沟槽的配向膜,液晶材料以及导电的玻璃基板。

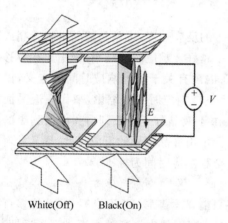

White(Off) Black(On)

图 1-29　TN 型液晶显示器构造图

在不加电场的情况下,入射光经过偏光板后通过液晶层,偏光被分子扭转排列的液晶层旋转 90°。在离开液晶层时,其偏光方向恰与另一偏光板的方向一致,所以光线能顺利通过,使整个电极面呈现光亮的状态。

当加入电场的情况下,每个液晶分子的光轴转向与电场方向一致。液晶层也因此失去了旋光的能力,结果来自入射偏光片的偏光,其方向与另一偏光片的偏光方向成垂直的关系,并无法通过,这样电极面就呈现黑暗的状态。

2) 超扭曲向列型

STN 型的显示原理与 TN 相类似。不同的是,TN 扭转式向列场效应的液晶分子是将入射光旋转 90°,而 STN 超扭转式向列场效应是将入射光旋转 180°~270°。必须在这里指出的是,单纯的 TN 液晶显示器本身只有明暗两种情形(或称黑白),并没有办法做到色彩的变化。而 STN 液晶显示器由于液晶材料的关系,以及光线的干涉现象,因此显示的色调都以淡绿色与橘色为主。但如果在传统单色 STN 液晶显示器加上彩色滤光片,并将单色显示矩阵之任一像素分成三个亚像素,分别通过彩色滤光片显示红、绿、蓝三原色,再经由三原色比例之调和,也可以显示出全彩模式的色彩。另外,TN 型的液晶显示器显示屏幕做的越大,其屏幕对比度就会显得较差,不过借由 STN 的改良技术,也可以在一定程度上弥补对比度不足的情况。

3) 双层超扭曲向列型

DSTN 是通过双扫描方式来扫描扭曲向列型液晶显示屏,从而达到完成显示目的。DSTN 是由超扭曲向列型显示器(STN)发展而来的。由于 DSTN 采用双扫描技术,因此显示效果相对 STN 来说,有大幅度提高。笔记本式计算机刚出现时主要是使用 STN,其后是 DSTN。STN 和 DSTN 的反应时间都较慢,一般约为 300 ms。从液晶显示原理来看,STN 的原理是通过电场改变原为 180°以上扭曲的液晶分子的排列,达到改变旋光状态的目的。外加电场则通过逐行扫描的方式改变电场,因此在电场反复改变电压的过程中,每一点的恢复过程都较慢,这样就会产生余辉现象。用户能感觉到拖尾(余辉)现象,也就是一般俗称的"伪彩"。由于 DSTN 显示屏上每个像素点的亮度和对比度都不能独立控制,造成其显示效果欠佳。由这种液晶体所构成的液晶显示器对比度和亮度都比较差、屏幕观察范围也较小、色彩不够丰富,特别是反应速度慢,不适于高速全动图像、视频播放等应用。一般只用于文字、表格和静态图像处理,但是它结构简单并且价格相对低廉。

DSTN-LCD 也不是真正的彩色显示器,它只能显示一定的颜色深度。与 CRT 的颜色显示特性相距较远,因而又称为"伪彩显"。DSTN 的工作特点是,扫描屏幕被分为上、下两部分,CPU 同时并行对这两部分进行刷新(双扫描),这样的刷新频率虽然要比单扫描(STN)重绘整个屏幕快一倍,提高了占空率,改善了显示效果。

4)薄膜晶体管型

TFT 型的液晶显示器较为复杂,主要是由背光源、偏光板、滤光板、玻璃基板、配向膜、液晶材料、薄模式晶体管等构成。首先,液晶显示器必须先利用背光源,也就是萤光灯管投射出光源,这些光源会先经过一个偏光板然后再经过液晶。这时,液晶分子的排列方式就会改变穿透液晶的光线角度,然后这些光线还必须经过前方的彩色的滤光膜与另一块偏光板。因此,我们只要改变刺激液晶的电压值就可以控制最后出现的光线强度与色彩,这样就能在液晶面板上变化出不同色调的颜色组合了。

TFT-LCD 的每个像素点都是由集成在自身上的 TFT 来控制的,它们是有源像素点。因此,不但反应时间可以极大地加快,对比度和亮度也大大提高了,同时分辨率也得到了空前的提升。因为它具有更高的对比度和更丰富的色彩,荧屏更新频率也更快,所以我们称之为"真彩"。

与 DSTN 相比,TFT 的主要特点是,在每个像素配置一个半导体开关器件,其加工工艺类似于大规模集成电路。由于每个像素都可通过点脉冲直接控制,使得每个节点相对独立,并可以连续控制。这样不仅提高了反应时间,同时在灰度控制上也可以做到非常精确,这就是 TFT 色彩较 DSTN 更为逼真的原因。TFT-LCD 具有屏幕反应速度快、对比度和亮度都较高、屏幕可视角度大、色彩丰富、分辨率高等特点,是目前桌面型液晶显示器、笔记本式计算机液晶显示屏和液晶电视的主流显示技术。

**6. 宽视角技术介绍**

液晶显示器的宽视角技术通常有以下几种。

- TN＋Film (TFT-Twisted Nematic ＋Film,普通 TN＋视角扩大膜)。
- IPS (In-Plane Switching,板内切换)。
- VA(Vertical Alignment,垂直排列)。
- FFS( Fringe-Field Switching,边缘场切换),属 IPS 系。
- CPA( Continuous Pinwheel Alignment,连续焰火状排列),属 VA 系。

一般来说,液晶显示器的宽视角技术分为两大类,一类是 TN 模式＋WV Film,另一类就是各种宽视角模式技术。而宽视角模式里面主要有两大系,即 IPS 系和 VA 系。因 FFS

（属 IPS 系）和 CPA（属 VA 系）技术目前应用比较多而且技术相对先进，所以在上面列出来。

（1）TN＋WV Film

这个是最早期的宽视角技术。因液晶显示器是靠液晶分子旋转控制光线的，造成先天性视角狭小的缺点，尤其是在大尺寸屏幕上，视角狭小的问题较为显著。早期，最简单的方法就是在普通 TN 上贴广视角膜，但由于这种膜材是由富士通独家提供，成本相对较高。另外，即使加了宽视角的膜，视角也有限，而且色彩还原能力欠佳，在侧面的一定角度观看时失真明显。

（2）IPS ＆ FFS

IPS 是由日立公司（Hitachi）最先开发出来的技术。IPS 与使用 TN＋Film 技术不同的地方在于液晶分子的方向平行于基板，而且是在平行于玻璃基板的平面旋转。这样的工艺，最大的好处是增加视角范围，这也是 IPS 最引人注目的优点。但是这项技术也有缺点，因为液晶分子的排列方向，使得电极必须做成梳子状，安放在下层玻璃基质板上，而不能像 TN 模式一样，安置在两层玻璃基质板上（电极不透明，降低了透过率）。这样做会降低对比度，因此必须加大背光源来达到要求的亮度，相对增加了功耗。最初的 IPS 模式的对比度及响应时间与传统的 TFT-TN 相比并无多大改善，但视角上的改善是质的飞跃。

为了改善 IPS 的透过率，很快推出了 FFS 技术。FFS 相对于 IPS，最大的特点在于使用了透明的电极，极大地增加了透过率，并更改了电极的排列结构，在视角和色彩方面更有进步。因此，FFS 是 IPS 技术典型的发展和延伸，这两种技术，基本大多时候不分彼此，共同使用。在此基础上，IPS 系不断发展，在工艺和结构上不断改进（有 S-IPS、AFFS、HFFS 等），FFS 再延伸出太阳光下可视的 AFFS＋（Advanced FFS ＋），以及将同一技术应用在手机等小尺寸面板上的 HFFS（High Aperture FFS）技术。

目前视角方面上下左右基本可以做到 180°。一般市面上宣传的某液晶显示器视角可达 180°，一般都是用的此类 IPS 技术（FFS）。因为 IPS 技术视角优秀，色彩较好，被众多厂商使用。目前广视角的 LCD、IPS 占有率是最高的。

（3）VA ＆ CPA

VA 技术由富士通公司于 1996 年最先推出。与 IPS 的液晶分子平行于玻璃基板的排列不同，VA 的液晶分子是垂直于玻璃基板排列的，这一点由名字可以看出来。最初的 VA 技术，侧视角会有明显的色偏问题，为了改进这一缺点，一年后富士通开发出了 MVA 技术。在 MVA 的基础上，三星又通过改良，开发出了 PVA 技术。改良后的 PVA 技术，视角可达 178°，并且响应速度很快。PVA 后，通过改良和发展，三星又开发出了 S-PVA 技术，极大地增加了透过率，响应速度和色彩还原度也有所提升，画面更加细腻。

CPA 技术是夏普公司独创的一项技术，严格说来，属于 VA 系。这种技术，各液晶分子朝着中心电极呈放射的焰火状排列。由于像素电极上的电场是连续变化的，所以这种广视角模式被称为"连续焰火状排列"模式。因液晶分子火焰状地对称排列，在各个方向均有相应的液晶分子作补偿，所以在视角表现上除了水平和垂直两方向外，在其他倾斜角也有不错的表现，例如，斜对角。可以说，CPA 的宽视角是全方位的，而且全方位的色彩均表现优秀。

**7. 液晶显示器特点**

相比传统的 CRT 显示器，液晶显示器克服了 CRT 体积庞大、耗电和闪烁的缺点，但也同时带来了工作温度范围窄、视角不广以及响应速度慢等问题。但是从技术上来说,液晶显示器的优势依然很明显,具体表现在以下几个方面。

(1) 体积小,重量轻

传统 CRT 显示器必须通过电子枪发射电子束到屏幕,因而显像管的管颈不能做得很短。当屏幕尺寸增加时,也必然增大整个显示器的体积。液晶显示器通过显示屏上的电极控制液晶分子状态来达到显示目的。即使屏幕加大,它的体积也不会成正比地增加,只增加尺寸不增加厚度。所以,不少产品提供了壁挂功能,可以让使用者更节省空间,而且在重量上比相同显示面积的传统显示器要轻得多,液晶电视的重量大约是传统电视的 1/3。正是液晶显示器的出现,才令手提式计算机的发明成为可能。

(2) 显示面积大

传统的 CRT 显示器由于受到显示技术的限制,其所标示的尺寸要比荧光屏的显示面积要小。一般一台 15 英寸的 CRT 显示器,虽然其标明的尺寸为 15 英寸,但其真正的可视范围可能只有 14.1 英寸左右。但液晶显示器由于成像原理的不同,其所标示的尺寸即是实际的显示面积。在显示器件尺寸方面,目前液晶显示器件单屏最大尺寸已突破 100 英寸,而用多个显示器拼接而成的组合屏幕,更可以达到传统显示器件无法企及的尺寸。

(3) 零辐射、无闪烁

液晶显示器由于采用液晶材料,运作时无需采用电子光束,因此没有静电与辐射这两个影响视力的问题存在。另外,CRT 显示器的一幅画面是经过水平扫描而形成的,只有在扫描频率达到一定数值时,才没有闪烁现象;而液晶显示器不需要什么扫描过程,一幅画面几乎是同时形成的,即使刷新频率很低,也不会出现闪烁现象。

(4) 功耗低、使用寿命长

CRT 显示器除了电路及显像,还有显示屏的功耗;而液晶显示器主要有背光源和电路功耗,其显示屏的功耗可以忽略不计。按照行业标准,使用时间为每天 4.5 小时的年耗电量换算,用 32 英寸液晶电视替代 32 英寸显像管电视,每年每台可节约电能 71 kW。液晶电视的使用寿命一般为 5 万个小时,比 CRT 电视机的寿命长得多。

(5) 画面质量高

液晶显示器采用的是直接数码寻址的显示方式,它能够将视频信号一一对应地在屏幕上的液晶像素上显示出来。而 CRT 显示器是靠偏转线圈产生电磁场来控制电子束在屏幕上周期性的扫描来达到显示图像的目的的。由于电子束的运动轨迹易受到环境磁场或者地磁的影响,无法做到电子束在屏幕上的绝对定位,所以 CRT 显示器容易出现画面的几何失真、线性失真等无法根本消除的现象。而液晶显示器则不存在这一可能。液晶显示器可以把画面完美地在屏幕上呈现出来,而不会出现任何的几何失真、线性失真。

(6) 调节智能化

液晶显示器的直接寻址显示方式,使得液晶显示器的屏幕调节不需要太多的几何调节、线性调节以及显示内容的位置调节。液晶显示器可以很方便地通过芯片计算后自动把屏幕调节到最佳位置,这个步骤只需要按一下 Auto 键就可以完成。省却了 CRT 显示器烦琐的调节。用户只需要手动调节一下屏幕的亮度和对比度,就可以使机器工作在最佳状态了。

### 1.4.3   OLED 显示技术

有机电致发光显示,又称有机发光二极管或有机发光显示(Organic Light Emitting Diode，OLED)，是自 20 世纪中期发展起来的一种新型显示技术。因其具有自发光性、广视角、高对比、低耗电、高反应速率、全彩化、制程简单等优点，被称做继液晶显示技术之后的下一代显示技术。

1947 年出生于香港的美籍华裔教授邓青云在实验室中发现了有机发光二极体，也就是 OLED，由此展开了对 OLED 的研究。1987 年，邓青云教授和 Vanslyke 采用了超薄膜技术，用透明导电膜作阳极，AlQ3 作发光层，三芳胺作空穴传输层，Mg/Ag 合金作阴极，制成了双层有机电致发光器件，邓教授也因此被称为"OLED 之父"。1990 年，Burroughes 等人发现了以共轭高分子 PPV 为发光层的 OLED，从此在全世界范围内掀起了 OLED 研究的热潮。

### 1. OLED 的结构和显示原理

OLED 的基本结构是由一个薄而透明具半导体特性的铟锡氧化物(ITO)，与电力之正极相连，再加上另一个金属阴极，包成如三明治的结构，如图 1-30 所示。整个结构层中包括空穴注入层(HIL)、空穴传输层(HTL)、发光层(EML)、电子传输层(ETL)与电子注入层(EIL)。其原理是通过加入一外加偏压，使空穴和电子分别经过空穴传输层(Hole Transport Layer)与电子传输层(Electron Transport Layer)后，进入具有发光特性的有机物质，在其内部发生再结合时，形成"激发子"(Exciton)后，再将能量释放出来而回到基态(Ground State)。而在这些释放出来的能量中，通常由于发光材料的选择及电子自旋的特性(Spin State Characteristics)，只有 25%(单重态到基态，Singlet to Ground State)的能量可以用来当做 OLED 的发光，其余的 75%(三重态到基态，Triplet to Ground State)是以磷光或热的形式回归到基态，如图 1-31 所示。由于所选择的发光材料能阶(Band Gap)不同，可使这 25%的能量以不同颜色的光的形式释放出来，而形成 OLED 的发光现象。

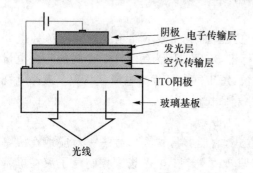

图 1-30　OLED 的基本结构

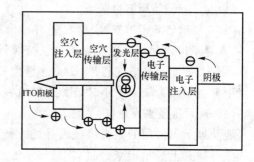

图 1-31　OLED 的显示原理

OLED 的发光过程通常由 5 个阶段来完成。

(1) 在外加电场的作用下载流子的注入：电子和空穴分别从阴极和阳极向夹在电极之间的有机薄膜层注入；

(2) 载流子迁移：注入的电子和空穴分别从电子输送层和空穴输送层向发光层迁移；

(3) 载流子复合：电子和空穴复合产生激发子；

(4) 激发子迁移：激发子在电场作用下迁移，能量传递给发光分子，并激发电子从基态跃迁到激发态；

(5) 电致发光：激发态能量通过辐射跃迁产生光子。

### 2. 有机发光材料

有机材料本身的特性对元器件的发光特性有很大的影响。理想的阳极材料本身必须是具高功函数(High Work Function)与可透光性,因为铟锡氧化物透明导电膜具有 4.5~5.3 eV 的高功函数,并且性质稳定,所以被广泛应用于 OLED 基础结构的阳极。在阴极材料的选择上,为了增加元件的发光效率,电子的注入通常需要有低功函数(Low Work Function)特性的材料(例如,Ag、Al、Ca、In、Li 与 Mg 等),或低功函数特性的复合金属来制作阴极(例如,Mg-Ag,镁银)。

适合传递电子的有机材料不一定适合传递空穴,所以有机发光二极体的电子传输层和空穴传输层必须选用不同的有机材料。为了保证有效的电子注入,传递电子的有机材料的LUMO 能级(分子最低空轨道)应与阴极的功函数相匹配。目前最常被用来制作电子传输层的材料必须制膜安定性高、热稳定且电子传输性佳,一般通常采用萤光染料化合物。如Alq、Znq、Gaq、Bebq、Balq、DPVBi、ZnSPB、PBD、OXD、BBOT 等。而空穴传输层的材料属于一种芳香胺萤光化合物,如 TPD、NBP 等有机材料,其优点为具有很高的玻璃化转变温度(Tg)和优良的表面稳定性。

一般有机发光层使用的材料通常与电子传输层或电洞传输层所采用的材料相同,有机发光层的材料需具备固态下有较强萤光、载流子传输性能好、热稳定性和化学稳定性佳、量子效率高且能够真空蒸镀的特性。红光材料主要有罗丹明类染料、DCM、DCT、DCJT、DCJTB、DCJTI 和 TPBD 等;绿光材料主要有香豆素染料(Coumarin6)、奎丫啶酮(Quinacri-done, QA)、六苯并苯(Coronene)、苯胺类(Naphthalimide)和 AlQ3 等;蓝光材料主要有N-芳香基苯并咪唑类,1、2、4-三唑衍生物(TAZ),1、3、4-噁二唑的衍生物 OXD-(P-NMe2)、双芪类(Distyrylarylene)和 BPVBi(亮度可达 6000 cd/m² )等。

### 3. OLED 彩色化技术

显示器全彩色是检验显示器是否在市场上具有竞争力的重要标志,因此许多全彩色化技术也应用到了 OLED 显示器上。按面板的类型通常有以下三种:*RGB* 像素发光,如图1-32所示;光色转换(Color Conversion),如图 1-33 所示;彩色滤光膜,如图 1-34 所示。下面将就这三种技术分别作一个简单的介绍。

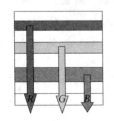

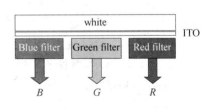

图 1-32　*RGB* 像素发光　　　　图 1-33　光色转换　　　　图 1-34　彩色滤光膜

(1) *RGB* 像素独立发光

利用发光材料独立发光是目前采用最多的彩色模式。它是利用精密的金属荫罩与CCD 像素对位技术,首先制备红、绿、蓝三基色发光中心,然后调节三种颜色组合的混色比,产生真彩色,使三色 OLED 元件独立发光构成一个像素。该项技术的关键在于提高发光材料的色纯度和发光效率,同时金属荫罩刻蚀技术也至关重要。

目前,有机小分子发光材料 AlQ3 是很好的绿光发光小分子材料,它的绿光色纯度、发光效率和稳定性都很好。但 OLED 最好的红光发光小分子材料的发光效率只有 31 mW,寿命 1 万小时,蓝色发光小分子材料的发展也是很慢和很困难的。有机小分子发光材料面临的最大瓶颈在于红色和蓝色材料的纯度、效率与寿命。但人们通过给主体发光材料掺杂,已得到了色纯度、发光效率和稳定性都比较好的蓝光和红光。

高分子发光材料的优点是可以通过化学修饰调节其发光波长,现已得到了从蓝到绿到红的覆盖整个可见光范围的各种颜色,但其寿命只有小分子发光材料的十分之一,所以对高分子聚合物,发光材料的发光效率和寿命都有待提高。

（2）光色转换

光色转换是以蓝光 OLED 结合光色转换膜阵列,首先制备发蓝光 OLED 的器件,然后利用其蓝光激发光色转换材料得到红光和绿光,从而获得全彩色。该项技术的关键在于提高光色转换材料的色纯度及效率。这种技术不需要金属荫罩对位技术,只需蒸镀蓝光 OLED 元件,是未来大尺寸全彩色 OLED 显示器极具潜力的全彩色化技术之一。但它的缺点是光色转换材料容易吸收环境中的蓝光,造成图像对比度下降,同时光导也会造成画面质量降低的问题。

（3）彩色滤光膜

彩色滤光膜技术是利用白光 OLED 结合彩色滤光膜,首先制备发白光 OLED 的器件,然后通过彩色滤光膜得到三基色,再组合三基色实现彩色显示。该项技术的关键在于获得高效率和高纯度的白光。它的制作过程不需要金属荫罩对位技术,可采用成熟的液晶显示器的彩色滤光膜制作技术。所以是未来大尺寸全彩色 OLED 显示器具有潜力的全彩色化技术之一,但采用此技术使透过彩色滤光膜所造成光损失高达三分之二。

### 4. OLED 驱动方式

（1）无源驱动（PM-OLED）

无源驱动分为静态驱动电路和动态驱动电路。

1）静态驱动方式

在静态驱动的有机发光显示器件上,一般各有机电致发光像素的阴极是连在一起引出的,各像素的阳极是分立引出的,这就是共阴的连接方式。若要一个像素发光,只要在恒流源的电压与阴极的电压之差大于像素发光值的前提下,像素将在恒流源的驱动下发光。若要一个像素不发光就将它的阳极接在一个负电压上,就可将它反向截止。但是在图像变化比较多时可能出现交叉效应,为了避免这种效应,必须采用交流的形式。静态驱动电路一般用于段式显示屏的驱动上。

如图 1-35 所示,器件的阴极连在一起引出接到某一电压源 $U_1$,比如 0 V。阳极 $A_i$ 通过一个可控中间接线端 $M_i$ 可与另一电源电压 $U_2$ 相接,比如 -5 V,或者与可调幅值的恒流源 $D_i$ 相接。

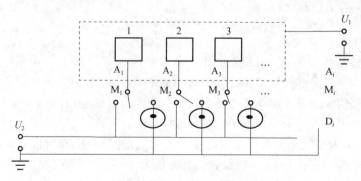

图 1-35　静态方式驱动电路图

控制所要显示的像素阳极(如 $A_2$)对应的中间连接端,比如 $M_2$ 与对应的可调幅值恒流源 $D_2$ 相连,在恒流源电压与阴极电压之差大于像素发光阈值的前提下,像素 2 将在恒流源的驱动下发光处于显示状态。对于不发光的像素,控制所要显示的像素阳极对应的中间连接线端,与 $-5\,V$ 电源相连,由于像素的阴阳两极之间的电压差为 $-5\,V$,发光二极管反向截止,像素 3 不发光,处于不显示状态。总体上看,每一个像素上将轮换加载正电压和负电压,是一种交流电压效果。

这种驱动方式的特点是在一幅完整的图像显示过程中,每一个像素上加的电压值(对不发光像素)或电流值(对发光像素)是不变的,因此称为静态驱动。

2)动态驱动方式

在动态驱动的有机发光显示器件上,人们把像素的两个电极做成了矩阵型结构,即水平一组显示像素的同一性质的电极是共用的,纵向一组显示像素的相同性质的另一电极是共用的。如果像素可分为 $N$ 行和 $M$ 列,就可有 $N$ 个行电极和 $M$ 个列电极。行和列分别对应发光像素的两个电极,即阴极和阳极。在实际电路驱动的过程中,要逐行点亮或要逐列点亮像素。通常采用逐行扫描的方式,行扫描,列电极为数据电极。实现方式是,循环地给每行电极施加脉冲,同时所有列电极给出该行像素的驱动电流脉冲,从而实现一行所有像素的显示。与该行不在同一行或同一列的像素就加上反向电压使其不显示,以避免"交叉效应",这种扫描是按逐行顺序进行的,扫描所有行所需时间叫做帧周期。

CPU 控制电路产生总控制信号,行控制电路和列驱动电路在总控制信号下,结合各自内部功能,产生基本行信号和基本列信号。行驱动电路和列驱动电路在总控制信号、基本行信号和基本列信号下,结合各自内部功能,产生行扫描信号和列数据信号,如图 1-36 所示。

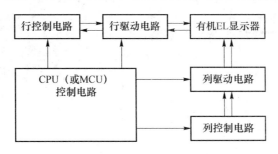

图 1-36　动态方式驱动原理图

在一帧中每一行的选择时间是均等的。假设一帧的扫描行数为 $N$,扫描一帧的时间为 1,那么一行所占有的选择时间为一帧时间的 $1/N$,该值被称为占空比系数。在同等电流下,扫描行数增多将使占空比下降,从而引起有机电致发光像素上的电流注入在一帧中的有效下降,降低了显示质量。因此随着显示像素的增多,为了保证显示质量,就需要适度地提高驱动电流或采用双屏电极机构以提高占空比系数。

除了由于电极的公用形成交叉效应外,有机电致发光显示屏中正负电荷载流子复合形成发光的机理使任何两个发光像素,只要组成它们结构的任何一种功能膜是直接连接在一起的,那两个发光像素之间就可能有相互串扰的现象,即一个像素发光,另一个像素也可能发出微弱的光。这种现象主要是因为有机功能薄膜厚度均匀性差,薄膜的横向绝缘性差造成的。从驱动的角度,为了减缓这种不利的串扰,采取反向截至法也是行之有效的方法。

(2) 有源驱动(AM-OLED)

有源驱动的每个像素配备具有开关功能的低温多晶硅薄膜晶体管(Low Temperature Poly-Si Thin Film Transistor, LTP-Si TFT),而且每个像素配备一个电荷存储电容,外围驱动电路和显示阵列整个系统集成在同一玻璃基板上,如图 1-37、图 1-38 所示。与 LCD 相同的 TFT 结构,无法用于 OLED。这是因为 LCD 采用电压驱动,而 OLED 却依赖电流驱动,其亮度与电流量成正比,因此,除了进行 ON/OFF 切换动作的选址 TFT 之外,还需要能让足够电流通过的导通阻抗较低的小型驱动 TFT。

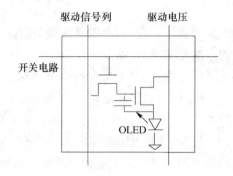

图 1-37　AM-OLED 驱动示意图

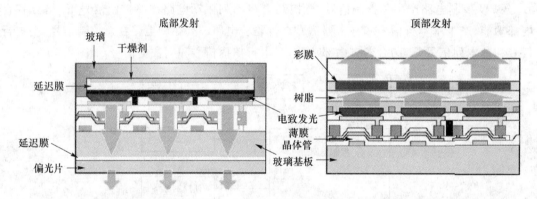

图 1-38　AM-OLED 结构图

有源驱动属于静态驱动方式,具有存储效应,可进行 100％负载驱动,这种驱动不受扫描电极数的限制,可以对各像素独立进行选择性调节。此外,有源驱动无占空比问题,驱动不受扫描电极数的限制,易于实现高亮度和高分辨率。有源矩阵的驱动电路藏于显示屏内,更易于实现集成度和小型化。另外,由于解决了外围驱动电路与屏的连接问题,这在一定程度上提高了成品率和可靠性。表 1-2 列出了 AM-OLED 和 PM-OLED 一些参数的对比。

**表 1-2　AM-OLED 和 PM-OLED 方式比较**

| 项目 | AM-OLED | PM-OLED |
|---|---|---|
| 驱动方式 | 电流驱动 TFT 电路,电容存储信号,像素独立连续发光 | 行列交错扫描驱动,瞬间注入电流,像素不连续发光 |
| 结构 | 低温多晶硅/非晶硅薄膜晶体管阵列 | 无薄膜晶体管阵列 |
| 像素扫描模式 | 线逐步式抹写数据 | 线逐步式扫描 |
| 发光模式 | 连续发光 | 瞬间高密度发光 |
| 电压要求 | 低 | 高 |
| 显示分辨率 | 高 | 低 |
| 响应时间 | 快 | 慢 |
| 设计制造 | 发光组件寿命长、制造复杂 | 设计简单、制造简单 |
| 应用领域 | 主显示屏(手机)、数码相机、数码相框、显示器、电视等 | 次要显示屏(手机)、MP3 播放器、仪表盘等 |

**5. 技术参数**

通常,OLED 发光材料及器件的性能可以从发光性能和电学性能两个方面来评价。发光性能主要包括发射光谱、发光亮度、发光效率、发光色度和寿命;而电学性能则包括电流与电压的关系、发光亮度与电压的关系等,这些都是衡量 OLED 材料和器件性能的主要参数。

(1)发射光谱

发射光谱指的是在所发射的荧光中各种波长组分的相对强度,也称为荧光的相对强度随波长的分布。发射光谱一般用各种型号的荧光测量仪来测量。其测量方法是,荧光通过单色发射器照射于检测器上,扫描单色发射器并检测各种波长下相对应的荧光强度,然后通过记录仪记录荧光强度对发射波长的关系曲线,就得到了发射光谱。

OLED 的发光光谱有两种,即光致发光(PL)光谱和电致发光(EL)光谱。PL 光谱需要光能的激发,并使激发光的波长和强度保持不变;EL 光谱需要电能的激发,可以测量在不同电压或电流密度下的 EL 光谱。通过比较器件的 EL 光谱与不同载流子传输材料和发光材料的 PL 光谱,可以得出复合区的位置以及实际发光物质的有用信息。

(2)发光亮度

发光亮度的单位是 $cd/m^2$,表示每平方米的发光强度,发光亮度一般用亮度计来测量。最早制作的 OLED 器件的亮度已超过了 $1\,000\ cd/m^2$,而目前最亮的 OLED 亮度可以超过 $140\,000\ cd/m^2$。

(3)发光效率

OLED 的发光效率可以用量子效率、功率效率和流明效率来表示。量子效率 $\eta_q$ 是指输出的光子数 $N_f$ 与注入的电子空穴对数 $N_x$ 之比。激发光光子的能量总是大于发射光光子的能量,当激发光波长比发射光波长短很多时,这种能量损失就很大,而量子效率不能反映出这种能量损失,需要用功率效率来反映。功率效率 $\eta_p$,又称为能量效率,是指输出的光功率 $P_f$ 与输入的电功率 $P_x$ 之比。衡量一个发光器件的功能时,多用流明效率这个参量。流明效率 $\eta_l$,也叫光度效率,是发射的光通量 $L$(以流明为单位)与输入的电功率 $P_x$ 之比。

（4）发光色度

发光色度用色坐标$(x,y,z)$来表示，$x$表示红色值，$y$表示绿色值，$z$表示蓝色值，通常$x,y$两个色品就可表注颜色。

（5）发光寿命

发光寿命是指为亮度降低到初始亮度的$50\%$所需的时间。对商品化的OLED器件要求连续使用寿命达到10 000小时以上，存储寿命要求5年。在研究中发现影响OLED器件寿命的因素之一是水和氧分子的存在，因此在器件封装时一定要隔绝水和氧分子。

（6）电流密度—电压关系

在OLED器件中，电流密度随电压的变化曲线反映了器件的电学性质，它与发光二极管的电流密度—电压的关系类似，具有整流效应。在低电压时，电流密度随着电压的增加而缓慢增加，当超过一定的电压，电流密度会急剧上升。

（7）亮度—电压关系

亮度—电压关系曲线反映的是OLED器件的光学性质，与器件的电流—电压关系曲线相似。即在低驱动电压下，电流密度缓慢增加；亮度也缓慢增加，在高电压驱动时，亮度伴随着电流密度的急剧增加而快速增加。从亮度—电压关系曲线中，还可以得到启动电压的信息。启动电压指的是亮度为$1\ cd/m^2$的电压。

**6. OLED显示器件的特点**

OLED为自发光材料，不需要背光源，同时视角广、画质均匀、响应速度快、彩度高、用简单驱动电路即可达到发光效果、制程简单、可制作成挠曲式面板，符合轻薄短小的原则，应用范围属于中小尺寸面板。

显示方面：主动发光、视角范围大；响应速度快，图像稳定；亮度高、色彩丰富、分辨率高。

工作条件：驱动电压低、能耗低，可与太阳能电池、集成电路等相匹配。

适应性广：采用玻璃衬底可实现大面积平板显示；如用柔性材料做衬底，能制成可折叠的显示器。由于OLED是全固态、非真空器件，具有抗震荡、耐低温（$-40\ ℃$）等特性，在军事方面也有十分重要的应用，如用做坦克、飞机等现代化武器的显示终端。

由于上述优点，在商业领域，OLED显示屏可以适用于POS机和ATM机、复印机、游戏机等；在通信领域，则可适用于手机、移动网络终端等；在计算机领域，则可大量应用在PDA、商用PC和家用PC、笔记本式计算机上；在消费类电子产品领域，则可适用于音响设备、数码相机、便携式DVD；在工业应用领域，则适用于仪器仪表等；在交通领域，则用在GPS、飞机仪表上等，如图1-39～图1-42所示。

图1-39 OLED电视样品

图1-40 OLED柔性显示面板

图 1-41　OLED 手机

图 1-42　OLED 笔记本式计算机

总的来说，OLED 与液晶显示器为代表的第二代显示器相比，有着突出的技术优点。

(1) 低成本特性，工艺简单，使用原材料少；

(2) 自发光特性，不需要背光源；

(3) 低压驱动和低功耗特性，直流驱动电压在 10 V 以下，易于用在便携式移动显示终端上；

(4) 全固态特性，无真空腔、无液态成分、机械性能好、抗震动性强、可实现软屏显示；

(5) 快速响应特性，响应时间为微秒级，比普通液晶显示器响应时间快 1 000 倍，适于播放动态图像；具有宽视角特性，上下、左右的视角接近 180°；

(6) 高效发光特性，可作为新型环保光源；

(7) 宽温度范围特性，在 −40～85℃ 范围内都可正常工作；

(8) 高亮度特性，显示效果鲜艳、细腻。

### 1.4.4　3D 显示技术

从电影《阿凡达》开始，3D 电影异军突起，3D 显示也成为了人们津津乐道的话题。虽然目前 3D 显示技术尚处于初级阶段，显示效果及产品造价不能说非常理想。但从长远来看，3D 显示的巨大市场以及 3D 显示技术的日趋完善使我们有理由相信，未来的显示领域，3D 显示将占据主导地位。那么，何为 3D？3D 通过哪些途径来实现？目前 3D 技术有哪些优缺点？未来哪种 3D 技术会主导显示领域呢？下面开始就这些问题进行研究。

**1. 3D 显示技术概述**

3D 是 Three-Dimensions 的缩写，即三维立体。由于人的双眼观察物体的角度略有不同，因此能够辨别物体的远近，产生立体的感觉，如图 1-43 所示。

虽然实现 3D 显示有许多种方法，但基本原理是不变的。模拟图 1-43 的方式，使观看者左右眼接收到的图像有微小差异，从而产生立体的感觉。3D 影像是因为眼睛的"视觉移位"而产生。人的两眼左右相隔 6 cm 左右，这意味着假如你看着一个物体，两只眼睛是从左右两个视点分别观看的。左眼将看到物体的左侧，而右眼则会看到物体的右侧。当两眼看到的物体在视网膜上成像时，左右两面的印象合起来，就会产生立体感觉，在大脑中形成具有立体纵深感的画面，人的两个眼睛视线形成的差别是 3D 显示技术需要利用和还原的关键。与普通的 2D 显示相比，3D 显示使图像不再局限于屏幕本身，变得立体而逼真，使观看者有身临其境的感觉。

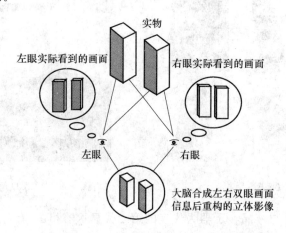

图 1-43　人的双眼观察物体的角度略有不同

**2. 3D 显示技术的发展**

1839 年,英国科学家查理·惠斯顿爵士根据"人类两只眼睛的成像是不同的"发明了一种立体眼镜,让人们的左眼和右眼在看同样图像时产生不同效果,这就是今天 3D 眼镜的原理。

3D 成像技术最早可以追溯到 1844 年,一位名字叫做大卫·布鲁斯特的外国人通过一个立体镜拍下了世界上最早的 3D 照片。

1915 年,全球首部 3D 电影《爱的力量》(The Power of Love)开始摄录并制作,并于 1922 年正式公映。1935 年,首部彩色 3D 电影面世。

20 世纪 50 年代是 3D 发展的黄金时期,美国开始出现不少 3D 电影作品,迪士尼、环球国际、哥伦比亚等知名片商都开始投资 3D 电影,不过由于当时很多影院不具备 3D 投放条件,出于盈利的目的,片商还是把绝大部分精力放在 2D 电影的制作上来。

20 世纪 80 年代中期,IMAX 开始制作首部 3D 纪实片。1986 年,迪士尼主题公园和环球影城上映了由迈克尔·杰克逊出演的 3D 影片。2009 年 12 月,由詹姆斯·卡梅隆执导,耗资 5 亿美元的电影巨作《阿凡达》同时以 2D、2D IMAX、3D、3D IMAX 等多种版本在全球公映,掀起了全球 3D 热潮。

2008 年,日本有线 BS 11 频道开始播放 3D 画面。2010 年 4 月,天空传媒开办 3D 电视频道。2010 年 6 月,ESPN 开设新的 3D 体育频道,一年内将进行 85 项赛事的 3D 转播。2010 年 6 月,南非世界杯成为史上首次进行 3D 转播的世界杯比赛。

**3. 3D 显示技术分类**

常见的 3D 显示技术主要有分色法、分光法、分波法、分时法、光栅法和全息法,而在这其中,分色法、分光法、分波法和分时法需要佩戴特殊设计的眼镜来观看才能获得 3D 效果,称之为眼镜式 3D 显示技术;光栅法和全息法属于自由 3D 显示技术,适用于裸眼观看,因此又称之为裸眼式 3D 显示技术。从目前的发展情况来看,眼镜式 3D 显示技术产品制作难度和成本相对较低,已经发展的较为成熟。这其中分别由 LG 和三星两大平板显示业巨头推动的 FPR(偏光眼镜)方式和 Shutter Glass(主动快门眼镜)方式已成为两大主流 3D 电视技术。裸眼 3D 显示技术的发展要稍微落后一些,目前还处于初级阶段,制作难度和成本相对较高,而且受到观看视角的限制,3D 效果也不是很好。表 1-3 为目前主要的 3D 显示技术的分类及对比。

**表 1-3　3D 显示技术分类及对比**

| 观看方式 | 采用技术 | 原理 | 应用方式 | 成熟度 | 优缺点 |
|---|---|---|---|---|---|
| 眼镜式 | 被动式 | 色差法 | 初级 3D 影院 | ★★★ | 优点:系统造价低廉<br>缺点:3D 效果差,偏色严重 |
| | | 分光法 | 3D 影院、电视 | ★★★★ | 优点:3D 效果较好,偏光眼镜成本低<br>缺点:水平或垂直分辨率减半,需要增加 Panel 贴合工艺 |
| | | 分波法 | 3D 影院 | ★★★★ | 优点:3D 显示效果较好<br>缺点:目前还无法应用于电视 |
| | 主动快门式 | 分时法 | 3D 影院、电视 | ★★★★ | 优点:3D 面板制作成本低,分辨率高<br>缺点:快门眼镜较贵,看画面外部时会产生闪烁 |
| 裸眼式 | 光栅式 | 分光法 | 3D 电视、显示器 | ★★ | 优点:无需佩戴眼镜<br>缺点:观看视角小,3D 效果差 |
| | 柱状透镜式 | 分光法 | 3D 电视、显示器 | ★★ | 优点:无需佩戴眼镜<br>缺点:观看视角小,3D 效果差 |
| | 全息式 | | — | ★ | 优点:全角度 3D 显示效果最佳<br>缺点:技术尚不成熟 |

#### 4. 色差法 3D 技术原理

色差法 3D 技术,俗称红蓝眼镜式 3D,如图 1-44 所示,因配合使用的是被动式"红蓝"滤色 3D 眼镜而得名。色差法 3D 先由旋转的滤光轮分出光谱信息,使用不同颜色的滤光片进行画面滤光,使得一个图片能产生出两幅图像。人的每只眼睛都看见不同的图像,这样的方法容易使画面边缘产生偏色,但成像原理简单,实现成本低廉,非常容易普及,但是 3D 画面效果的确也是最差的。随着 3D 显示技术的不断发展,人们对显示效果的要求也越来越高,这种古老的技术已逐渐被淘汰。

#### 5. 分光法 3D 技术原理

分光法 3D 技术也叫偏振式 3D 技术,配合使用的是被动式偏光眼镜。偏光式 3D 技术的图像效果比色差式好,而且眼镜成本也不算太高,目前比较多的电影院采用的也是该类技术,不过该技术对显示设备的亮度要求较高。

自然光在各个方向上的振动是均匀的,因此自然光又称为非偏振光。如果一束光在任意一个时刻只在一个特定的方向上振动,那么这束光就是偏振光。偏振光可以通过偏振镜片获得,偏振镜片就像是一个栅栏,它具有

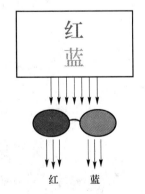

图 1-44　色差法 3D 显示技术原理图

振动方向。当一束自然光通过时,只有与偏振镜片偏振方向相同的光线可以通过,其他不一致的光线都会被过滤掉,分光式系统就是利用了这一原理。

当采用分光法系统的影院播放影片时,会将之前录制好的左右图像通过不同偏振方向的镜片后同时显示在屏幕上,如图 1-45 所示。左眼图像用垂直方向的偏振镜进行过滤,成为垂直方向的偏振光;而右眼图像则通过水平方向的偏振镜进行过滤,成为水平方向的偏振光。观众佩戴的眼镜,左右镜片刚好与之前的滤镜偏振方向一致,这样就能保证左眼图像最终只被左眼看到,而右眼图像最终只被右眼看到,两幅图像经过大脑合成,最终形成一幅具有立体感的图像。

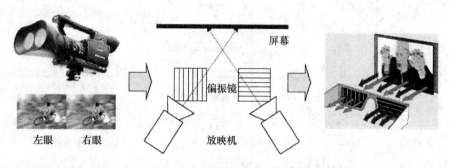

图 1-45　分光法 3D 技术原理图

FPR(Film Patterned Retarder)方式是目前较为流行的一种 3D 电视显示技术。与影院所使用的技术有所不同的是,它是在原有 2D 面板上增加了一层 FPR 膜,这层膜的偏振方向与屏幕的行像素或列像素对应,相邻的行或者列像素偏振方向垂直,从而达到将整幅画面分成偏振方向互相垂直的两幅画面的目的。再配合与其偏振方向对应的偏振眼镜,人眼就看到了分辨率降低的两幅不同画面,从而产生 3D 效果,如图 1-46 所示。由于在屏幕外侧增加了一种特殊的偏光膜,会导致屏幕光透过率降低,在观看 2D 片源时,屏幕亮度降低至普通 2D 屏幕的 65% 左右。

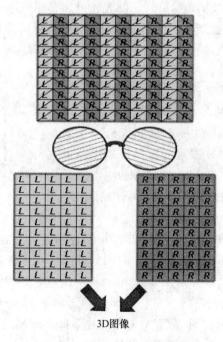

图 1-46　FPR 3D 显示原理图

#### 6. 分波法 3D 技术原理

可见光的波长在 0.38～0.76 nm 之间,从人眼感官上又能区分为赤、橙、黄、绿、青、蓝、紫等不同的颜色,但是每种颜色的光并不是局限于某个特定的波长,而是在一个狭小的区间内,例如,红光的波长范围是 0.63～0.76 nm。

分波法 3D 显示技术正是利用可见光波的波长区间这一特性。它的系统组成与分光法非常相似,素材的录制与分光法完全一样,只是在播放时有所区别:分光法是利用不同偏振方向的偏振镜片来过滤左右眼图像,而分波法是利用不同波长的红、绿、蓝特性光来同时播放左右眼图像,使其同时出现在屏幕上,然后通过观众佩戴的特制眼镜(只能通过特定波长的红、绿、蓝色光)使左右眼看到不同的图像,从而在大脑中叠加形成一幅立体画面,如图 1-47 所示。

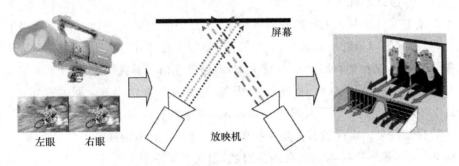

图 1-47 分波法 3D 显示技术原理图

分波法 3D 显示技术的显示效果总体来说与分光法相近,都能达到比较理想的效果,而且该技术对屏幕本身并无特殊要求,眼镜轻便,易佩戴。但是目前该系统的关键技术——镜片的过滤镀层技术为个别公司所垄断,只应用于影院系统,在电视系统上还不能实现。

#### 7. 分时法 3D 技术原理

分时法 3D 技术,又称主动快门式 3D 技术,需配合主动式快门 3D 眼镜使用。这种 3D 技术在电视和投影机上面应用最为广泛,资源相对较多,而且图像效果出色,受到很多厂商推崇和采用,不过其匹配的 3D 眼镜价格较高。

主动快门式 3D 技术主要是通过提高画面的刷新率来实现 3D 效果的。通过把左右图像按帧的顺序交替显示,形成对应左眼和右眼的两组画面,同时红外信号发射器将同步控制快门式 3D 眼镜的左右镜片开关,使双眼能够在正确的时刻看到相应画面。这项技术能够保持画面的原始分辨率,很轻松地让用户享受到真正的全高清 3D 效果,如图 1-48 所示。

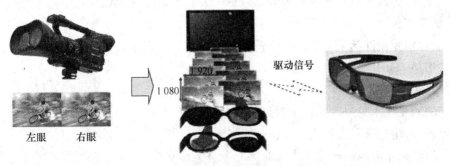

图 1-48 分时法 3D 显示技术原理图

一般情况下,3D 液晶电视屏幕刷新频率必须达到 120 Hz 以上,也就是让左右眼均接收到频率在 60 Hz 以上的图像,才能保证用户看到连续而不闪烁的 3D 图像效果。主动快门式 3D 要求快门眼镜与液晶电视显示频率同步,否则会出现闪烁等严重失真现象。这对信号的同步要求较高,同时主动快门眼镜也是基于液晶显示原理,由 TFT 控制液晶偏转角度,达到开启和关闭的效果,故此眼镜价格较高。

由于眼镜开关频率也在 120 Hz 以上,而家里常用的照明灯——日光灯的闪烁在 60 Hz 左右,故在观看主动快门式 3D 电视时,电视之外的可见区域可能会发生闪烁。主动快门式 3D 技术虽然保证了画面的清晰度,即可以实现全高清显示,但是由于同一时间内只有一只眼睛在观看,所以观看者体验的画面亮度降低。

**8. 裸眼 3D 技术原理**

虽然眼镜方式能满足多人共同观看的需求,不过观看时需要佩戴特殊眼镜仍旧是个相当大的障碍,尤其是对于近视的观众,所以裸眼 3D 显示技术还是有很大的发展空间。

裸眼 3D 显示,又称为裸眼多视点技术,即不通过任何工具便可使左右眼从屏幕上看到两幅具有视差的、有区别的画面,大脑经过处理,人就会产生立体感。同眼镜式 3D 技术一样,裸眼式 3D 技术也是利用了人眼的视差原理,给观看者的左右眼送入不同的画面,从而达到立体的视觉效果。实现的前提是不佩戴眼镜,所以只能用特殊的屏幕来实现立体感了。由于裸眼 3D 立体显示在技术上还有许多限制,因此主要用于个人化小型化的显示用途。

（1）光栅式

光栅式又称视差障碍式,是在屏幕表面设置称为视差屏障的纵向栅栏状光学屏障来控制光线行进方向,从而实现立体显示效果。采用可开关的液晶薄膜充当视差屏障,视差屏障式 3D 立体显示是目前最广泛应用于可携式装置的方式。由于左右眼视线通过栅栏状视差屏障的角度不同,因此可以看到后面屏幕的不同部分,只要将左右眼画面以纵向方式交错排列,就能让左右眼看到各自的画面产生立体感,如图 1-49（a）所示。同柱透镜方式一样,屏幕分为左右两画面显示,因此清晰度只有原来的一半,亮度也会下降。如果采用液晶薄膜来充当视差障碍,就能通过液晶屏障的开关来切换 2D/3D 显示模式。

（2）柱状透镜式

柱透镜立体显示是利用圆柱状的凸透镜薄膜对光线的折射来改变光线的行进方向,让左右眼接收不同影像产生视差而呈现立体效果。由于光线在通过凸透镜时,行进方向会因折射而产生变化,因此只要将左右眼画面以纵向方式交错排列,然后透过一连串紧密排列的柱透镜,就能实现 3D 显示,如图 1-49（b）所示。由于左右眼接收到的画面各为原显示画面的一半,所以清晰度降低了一半。柱透镜是固定贴附在屏幕表面,而且是以单一方向排列,因此无法切换 2D/3D 显示模式。

（3）全息照相式

传统的照相技术只记录物体反射光的颜色和亮度信息,而全息照相技术除了记录颜色和亮度信息外,还记录了反射光的相位。为了满足产生干涉光的条件,全息摄像通常采用相干性较好的激光作为照明光源。工作时将光源分为两部分:一部分直接照射到感光底片上,另一部分照射到被摄物体,然后反射光再投射到感光底片上。这样两束光在感光底片上叠

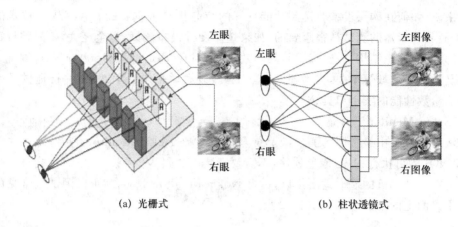

(a) 光栅式                    (b) 柱状透镜式

图 1-49  裸眼 3D 技术显示原理图

加产生干涉,底片显影后形成全息图,如图 1-50 所示。全息图并不能直接显示物体的图像,人眼直接去看这种感光的底片,只能看到类似于指纹的干涉条纹。用激光或者单色光沿着参照光的方向入射到底片上,通过底片就能看到与原来物体完全一样的三维立体图像,如图 1-51 所示。在感光底片上,每一个点都接收到整个物体的反射光,因此只要全息图的一小部分就可以再现整个物体。

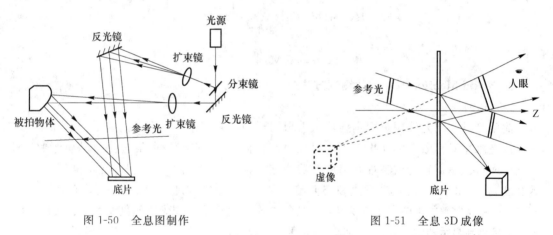

图 1-50  全息图制作                    图 1-51  全息 3D 成像

### 1.4.5  液晶显示器的测试

跟我测:液晶显示器的测试

通过 Nokia Monitor Test 测试软件,可以理解液晶显示器的组成结构,掌握测试液晶板坏点的方法,测试液晶板的相应速度,测试液晶板的还原能力等,使学生比较好地了解液晶显示器的各种参数指标,直观方便地学习液晶显示技术。

**1. 软件测试液晶屏**

目前液晶显示器已在电视、笔记本式计算机、手机等诸多电子设备中大量使用,对于大多数人来说,如何在购买设备时选到性能良好的液晶板是很重要的。在多媒体技术的教学中,对于液晶显示器的测试是很重要的,如果选用硬件设备测试,资金庞大,一般院校很难做到,教师只好从理论结构上进行教学,教学效果不理想。将 Nokia Monitor Test 测试软件引入到液晶显示器的教学中去,作为辅助教学工具,大大增强了教学效果,并且提供了一种测试液晶器参数性能的实用工具。

**2. Nokia Monitor Test 软件**

在液晶板测试中最常用的测试液晶屏幕的软件是 Nokia Monitor Test,该软件仅仅是一个 577 KB 的可执行程序,绿色软件,不需要安装。通过 VGA 接口或 DVI 接口连接计算机或笔记本式计算机的显卡输出接口,运行 Nokia Monitor Test,就可以测试最常见的一些指标。主界面上的功能图标如图 1-52 所示。

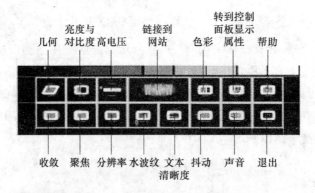

图 1-52　Nokia Monitor Test 界面

**3. Nokia Monitor Test 软件测试方法**

(1) 几何测试(Geometry)

此项测试主要是让用户根据屏幕上出现图形的失真度来调整自己的显示器。如某些图片应该是水平垂直效果的却出现了歪斜现象,而有的图片应该是直角边缘却出现弯曲。这时候就通过显示器自身的各种几何调整功能进行调节。这样的调节包括:显示高度调整、显示宽度调整、水平中心调整、垂直中心调整、倾斜调整、梯形调整、枕形调整等。在测试时,屏幕将出现一张完整的由圆环和直线组成的混合方格图,其间会出现表格颜色和大小的变化,由此可以直接判断显示器的失真程度,如图 1-53 所示。观察到的现象填入表 1-4 几何测试记录表。

图 1-53　几何失真测试图形

表 1-4 几何测试记录表

| 几何测试 | 调节观察现象记录 |
|---|---|
| 垂直中心调整 | |
| 水平中心调整 | |
| 方格线性测试 | |
| 圆环线性测试 | |

（2）亮度及对比度测试（Brightness and Contrast）

亮度及对比度是用来测试显示器亮度及清晰度输出的。亮度是调整显示器屏幕在低亮度效果下的输出，而对比度则是调整亮度调整显示器屏幕在高亮度效果下的输出，两者的调整并不相同。该项目测试由两幅画面组成，一幅是在低亮度下的黑色渐变图形及高亮度下的白色渐变图形；另一幅是黑底色下的 5 个白色小方块图形，其中 1 个在屏幕中心，其余 4 个分别在显示画面的 4 个对角，这可以测试出屏幕中间及四周的明暗对比一致性，如图 1-54 所示。用户可以通过调节显示器的亮度及对比度使上述测试画面达到最好的效果。不过这里要提醒的是，高对比度下的显示画面容易导致眼睛疲劳，而过亮的显示效果则有可能降低显示图片的细节效果，因此在调整时需注意。观察到的现象填入表 1-5 亮度及对比度测试记录表。

图 1-54 亮度及对比度测试

表 1-5 亮度及对比度测试记录表

| 亮度及对比度测试 | 调节观察现象记录 |
|---|---|
| 亮度调整 | |
| 对比度调整 | |

（3）颜色测试（Color）

颜色（色纯）测试包括对色温/白平衡和屏幕色彩均匀性的测试，其步骤比较简单，纯白底、红底、绿底、蓝底及黑底白块的画面将被依次全屏显示出来。用户由此可以清晰直观地鉴别出自己的显示器是否有缺色、色斑及色温不纯的现象。一般来说，目前许多新型显示器产品都有色温调节功能，如果出现上述问题，即可使用该功能以调整显示器效果至最佳状态。但如果显示器出现严重缺色、色温不纯等现象，则可怀疑为显像管老化问题。观察到的现象填入表 1-6 颜色测试记录表。

表 1-6　颜色测试记录表

| 颜色测试 | 调节观察现象记录 |
|---|---|
| 色温 6 500 K | |
| 色温 9 500 K | |
| 色温 RGB（根据自己喜好设置） | R：　　G：　　B： |

（4）分辨率（Resolution）

分辨率是关于显示器图像能被分辨的细微程度的一项基本指标，这里的测试功能则是专门针对显示器的分辨率测试的。测试画面很简单，即分别在黑白底色下在屏幕四角及中心显示一块以水平和垂直线条组成的，由疏至密的线型图形。用户可以通过查看线型图像中的线条细腻区分程度来判断显示器的分辨率效果。另外，在高分辨率下显示器因有大量的像素点，所以需要电子枪连续地在高低压之间切换，由此也会出现画面亮度差的问题。一般来说，测试时最好分别切换不同的分辨率画面，这样就可以了解使用的显示器分辨率的实际效果，如图 1-55 所示。观察到的现象填入表 1-7 分辨率记录表。

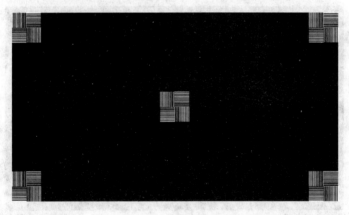

图 1-55　分辨率测试

表 1-7　分辨率记录表

| 分辨率测试 | 调节观察现象记录 |
|---|---|
| 800×600 | |
| 1 024×768 | |

（5）摩尔波纹测试（Moire）

摩尔波纹是一种可能在所有显示器上都会出现的失真效果。出现这种现象的显示器在显示时图片出现波纹的干扰，这种情况是由阴极射线管（CRT）显示光罩的局限性造成的。同时，显示器在部分高分辨率模式下工作时，一些特定类型的图片也会出现波纹干扰，而且聚焦效果好的显示器更容易出现摩尔现象。一般认为，引起摩尔条纹的最常见因素是扫描线和某些其他周期性波纹之间的干扰,如原场景中的线或光点图形、遮蔽屏显像管中的闪烁光点或其他波纹。这个测试通过不同分辨率下的不同图形对显示器进行摩尔波纹测试。目前不少显示器都内置了摩尔消调功能,用户可以最大程度地减轻由于摩尔现象带来的显示问题。观察到的现象填入表 1-8 摩尔波纹测试记录表。

表 1-8　摩尔波纹测试记录表

| 摩尔波纹测试 | 调节观察现象记录 |
| --- | --- |
|  |  |

（6）文字可视效果（Readability）

文字可视效果主要测试的是显示器的文字显示效果,包括字符整体清晰度、边角犀利度等。测试画面分为黑底白字和白底黑字两种,字符显示则分别出现在屏幕四角及中心地带。这就可以尽可能地测试出显示器的整体显示字符能力,如果测试的显示器边缘及中心聚焦能力不良,则各处的显示效果将各有不同,如图 1-56 所示。

图 1-56　文字可视效果

（7）抖动测试（Jitter）

测试选项,进入测试画面后屏幕出现了几条等宽的竖线。其间有几个完全静止的大长方形白色方块和小长方形网状方块整齐排列着。粗看画面好像没有什么问题,但仔细看就会有种感觉,好像上面的白色方块在慢慢移动,如图 1-57 所示。这是一种显示图像中不应有的变动现象,这种情况的出现也和显示器的细小像素显示能力及稳定性有着很大的关系。

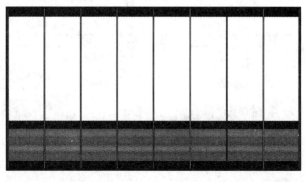

图 1-57　抖动测试

53

（8）液晶屏坏点测试

将液晶板背景设置成黑色或红色，仔细观察液晶板上是否显示有亮点，一般的板会有2～3个坏点，这属于正常现象；若发现过多坏点，就要考虑更换显示器。观察到的现象填入表1-9 液晶屏坏点测试记录表。

表 1-9　液晶屏坏点测试记录表

| 液晶屏坏点测试<br>要标出观察时的颜色 | 调节观察现象记录 |
| --- | --- |
|  |  |

使用 Nokia Monitor Test 测试软件，完成对液晶显示器基本参数的测试，是一种简便实用测试显示器性能的方法。使用者在购买电视、笔记本式计算机时可以安装此软件，对液晶显示器进行实地测试，判断显示器的好坏，便于挑选。在教学上，让学生直观地观察到显示器的性能，对学习液晶显示器起到很好的帮助作用。

**4. 色彩分析仪 CA-210 液晶显示器性能测试**

如果实验室配备色彩分析仪，也可以用硬件的方法对液晶显示器进行测试，这里简单地介绍一下测试方法。

（1）设备准备

色彩分析仪 CA-210 一台。学习色彩分析仪（CA-210）的使用及各项指标的含义，学习色彩分析仪（CA-210）的使用方法。

（2）CA-210 使用说明

显示器色彩分析仪 CA-210 是专为测量液晶显示器而设计，其特点是使用光纤传递信号，使仪器的精确度更高，测量的时间更短。CA-210 可测量低至 $0.1 \text{ cd/m}^2$ 的量度。主界面上的功能图标如图 1-58 所示。

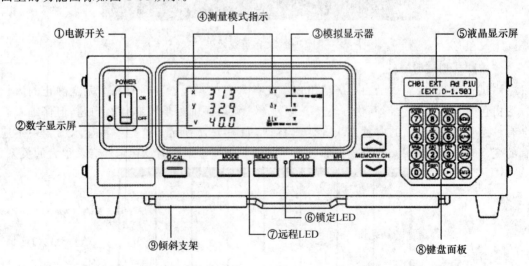

图 1-58　显示器色彩分析仪 CA-210 面板图

（3）测试步骤

测试显示器对比度的方法，测试液晶板的闪烁度，测试显示器的某一点的色彩值。

1）闪烁度测试

此项测试主要是让用户根据屏幕上出现图形的闪烁度来调整自己的显示器。如图片显示的时候会有闪烁的现象，这时候就通过调节 Vcom 电压来调节闪烁度，至最不闪烁的状态。用 CA-210 测试，可参考 CA-210 使用说明书。观察到的现象填入表 1-10 闪烁度测试记录表。

**表 1-10　闪烁度测试记录表**

| 闪烁度测试 | 调节最佳状态后观察闪烁值 |
| --- | --- |
| 第一个显示器 | |
| 第二个显示器 | |
| 第三个显示器 | |
| 第四个显示器 | |

2）亮度及对比度测试

测试观察与 Nokia Monitor Test 软件测试方法相同。观察到的现象填入表 1-11 亮度及对比度测试记录表。

**表 1-11　亮度及对比度测试记录表**

| 亮度及对比度测试 | 调节观察现象记录 |
| --- | --- |
| 亮度调整 | |
| 对比度调整 | |

3）颜色测试

测试观察与 Nokia Monitor Test 软件测试方法相同。观察到的现象填入表 1-12 颜色测试记录表。

**表 1-12　颜色测试记录表**

| 颜色测试 | 调节观察现象记录 |
| --- | --- |
| 色温 6 500 K | |
| 色温 9 500 K | |
| 色温 *RGB*（根据自己喜好设置） | *R*：　　*G*：　　*B*： |

**思考与练习**

1. 什么是 CRT 显示器？简述它的组成部分。

2. 什么是液晶显示器？简述它的组成部分。

3. 液晶电视与 CRT 电视相比有何优势？

4. 液晶板检验有哪些主要指标？

5. 如何用软件测试液晶显示器？

6. 如何用色彩分析仪 CA-210 测试液晶显示器？

# 1.5　电视基础信号的测试

目前,虽然黑白电视信号已很少发射了,但由于彩色与黑白电视信号兼容性的需要,要求信号的调制方式、频谱宽度及扫描都一致,所以彩色与黑白电视信号有许多相同之处。我们从黑白全电视信号测试开始学习电视信号的组成。

## 1.5.1　黑白全电视信号组成

跟我学:黑白全电视信号的组成

收看稳定清晰的电视图像时,发送端不但要发送图像信号,而且要传送同步和消隐信号,故电视信号基本组成含三部分:图像信号、复合消隐信号、复合同步信号,三种信号统一称全电视信号,也称视频信号。

(1)图像信号

表示被摄景物像素的明暗程度,也称亮度信号,是在扫描正程发出的。图像信号有以下特点。

1)正程期间发出,电平幅度 12.5%～75% 之间。

2)负极性信号,即电平越高,图像越暗。负极性信号的优点,一是节省发生功率,由于图像信号大多是亮电平,将亮电平规定在低电位,可节省大量的发射功率;二是抗干扰能力强,由于在传送信号时,大多数干扰是叠加在高电平上的,而高电平是设定为黑电平,使干扰显示不出来,即减少了干扰信号对图像的影响。所以,大多数图像信号都设计为负极性。

3)单极性信号,即电平全部是正或负,使图像信号具有直流成分(用图像信号的平均值),用以表示图像背景的亮度。

在实验室可以用一台电视信号发生器产生的灰度信号,观察标准的八级灰度图像信号,如图 1-59 所示。

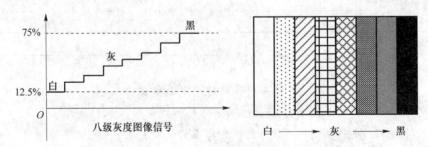

图 1-59　黑白全电视图像信号

(2)复合消隐信号

由于电视成像是逐行扫描成像的,每一行每一场都是由正程和逆程组成。正程显示图像,逆程不显示图像,则需要用消隐信号将逆程不显示。消隐信号的作用是为消除回扫线,使扫描逆程时屏幕显示为黑,行场扫描逆程发出消隐信号,包含在全电视信号中,分为行消隐与场消隐,统称复合消隐信号。

行消隐信号:在行逆程传送使回扫线不显示的信号。宽度为 12 $\mu$s,电平幅度为 75%,周期为 64 $\mu$s,频率为 15 625 Hz。

场消隐信号:在场逆程传送使回扫线不显示的信号。宽度为 1 600 $\mu$s,扫描 25 行,电平幅度为 75%,周期为 20 ms。

复合消隐信号:将行场消隐信号复合在一起,成为复合消隐信号,如图 1-60 所示。

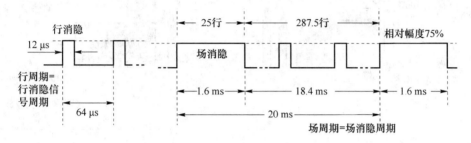

图 1-60　复合消隐信号

(3) 复合同步信号

由于电视图像是顺序传送的,发送端与接收端要保持同步,每一行每一场都要步调严格一致,才能收看到正常图像。当电视机不同步时,发生图像滚动的现象。所谓同步信号,是指使发送端与接收端保持一致的信号,分为行同步与场同步,统称为复合同步信号。为了不干扰图像,同步信号是在逆程发出的,叠加在行场消隐信号上。

行同步信号:保持发送端与接收端行信号一致,在行逆程发出,叠加在行消隐之上。宽度为 4.7 $\mu$s,前肩为 1.3 $\mu$s,电平幅度为 25%,周期为 64 $\mu$s。

场同步信号:保持发送端与接收端场信号一致,在场逆程发出,叠加在场消隐之上。宽度为 1 600 $\mu$s,前肩为 160 $\mu$s,电平幅度为 25%。

复合同步信号:将行场同步信号复合在一起,称为复合同步信号,如图 1-61 所示。

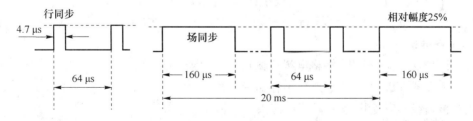

图 1-61　复合同步信号

将以上介绍的行消隐、场消隐、行同步、场同步,共同归纳为复合消隐和复合同步,如图 1-62 所示。

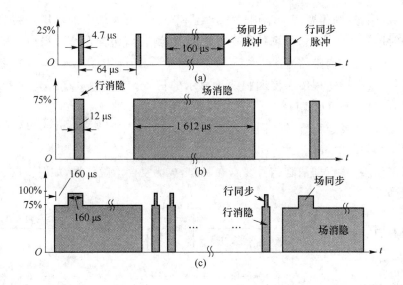

图 1-62　复合消隐与复合同步

小提示：

行同步脉宽 $4.7\,\mu s$，行同步周期 $64\,\mu s$；行消隐脉宽 $12\,\mu s$，行消隐周期 $64\,\mu s$。

场消隐脉宽 $1\,600\,\mu s$，场消隐周期 $20\,ms$；场同步脉宽 $160\,\mu s$，场同步周期 $20\,ms$。

### 1.5.2　黑白全电视信号测试

跟我测：黑白全电视信号的测试

以上介绍了黑白全电视信号的组成结构，这是最简单、最基本的电视信号，下面将使用实验室里普通的电视信号发生器、示波器来测试黑白全电视信号。

**1. 设备准备**

电视信号发生器 M7015 多格电视测试信号发生器一台。

数字示波器 YB54100 双通道数字存储示波器一台。

视频传输线 Q9 接头一根，示波器探头一根。

学习者可利用各自实验室配有的电视信号发生器，示波器的型号设备准备。

电视信号发生器 M7015 多格电视测试信号发生器与数字示波器 YB54100 双通道数字存储示波器，如图 1-63 所示。

对于数字示波器 YB54100 双通道数字存储示波器，第一次使用要练习一下主要旋钮及开机的初始设置。

数字示波器 YB54100 双通道数字存储示波器面板按键使用说明如下。

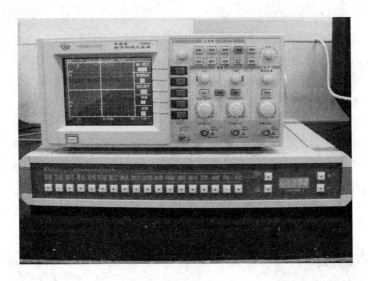

图 1-63 M7015 多格电视测试信号发生器与 YB54100 双通道数字存储示波器

(1) 开机设置

输入:交流。

带宽限制:关(不限制 20 MHz,最高可到 100 MHz)。

挡位调节:步进(黑白时可用)(微调比步进更细,测彩色全电视信号必须使用)。

探极:X1。

反相:关(看反相信号设为开)。

回到开机状态,按 CH1 按钮或 CH2 按钮。

(2) 显示设置

显示类型:矢量。

坐标:网格。

余晖:关。

对比度:20。

(3) 自动设置

标准信号测试:探头输入自检接口,1 kHz。

被测试信号:探头输入视频线信号。

(4) 运行/停止

暂存信号,幅度不能调整,频率可调整。可以将探头取下。

当永久存储信号时要按存储,设地址。

显示屏下角显示幅度、频率单位。

根据被测信号的周期、幅度放置合适数据。

调节幅度(VOLTS/DIV),扫描(SEC/DIV)。

(5) 采样设置

采样方式:实时。

获取方式:峰值,注意使用峰值不能按自动。

快速采样:开。

（6）光标（分为时间、幅度）

光标类型：电压——纵坐标；时间——横坐标。

由两个 A、B 可以读出：脉宽、幅度。

按 A：A 光标移动；按 B：光标移动；将两个光标的间距调合适。

按 A 和 B：A、B 一起移动。

**2. 测试步骤**

（1）打开数字示波器，需要对数字示波器仪器进行初始设置，数字示波器 YB54100 双通道数字存储示波器初始设置三步基本操作如下。

1）将开机时默认的输入直流状态，改成输入交流状态。

2）将开机时默认的带宽限制：20 MHz，改成带宽限制：关。

3）将开机时默认的显示类型：点，改成显示类型：矢量。

**小提示：**

　　每个型号的示波器初始设置是不同的，教师首先要教会学生正确地使用所用型号的示波器，养成良好的使用仪器的习惯。

　　当示波器重新开机或死机时，都要重新进行初始设置工作。

（2）打开电视信号发生器，将其设置到灰度信号八级，制式设为 PAL 制。

不同的电视信号发生器操作上有差异，但总体来讲电视信号发生器操作比较简单，这里就不再赘述。电视信号发生器 M7015 多格电视测试信号发生器面板如图 1-64 所示。

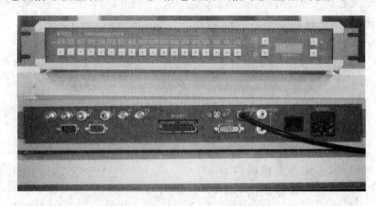

图 1-64　电视信号发生器 M7015 多格电视测试信号发生器

（3）将电视信号发生器的视频接口 VIDEO 连接上视频传输线，与数字示波器探头连接线相连接，如图 1-65 所示。

（4）用示波器测试八级灰度黑白全电视信号。调整示波器上的相关挡位和旋钮，正确显示图如图 1-66 所示。

利用示波器测量出对应行同步头、行消隐信号、图像信号的各自脉宽、周期和幅度，并计算行同步头、行消隐信号、灰度图像信号的幅度在黑白灰度全电视信号中所占的比例，将结果填入表 1-13 中。

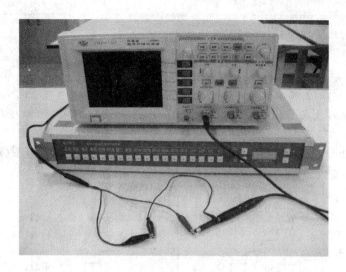

图 1-65    视频接口 VIDEO 与数字示波器探头连接线相连接

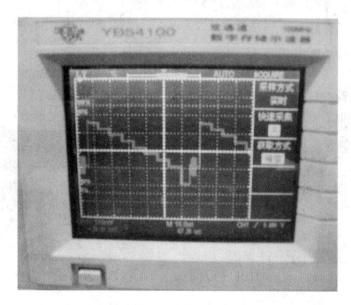

图 1-66    测试八级灰度黑白全电视信号

表 1-13    黑白全电视信号测试记录

| 信号名称 | 波形 | 脉宽 | 周期 | 幅度 | 幅度所占<br>比例（计算） |
|---|---|---|---|---|---|
| 行同步 | | | | | |
| 行消隐 | | | | | |
| 图像 | | | | | |
| 全电视信号 | | | | | |

小提示:

(1) 教学时强调扫描时间的选择与被测信号有关,学生要合理选择数字示波器的扫描时间,才能观察到清晰的被测波形。

(2) 由于行扫描周期是 64 μs,观察行消隐和行同步时,应将示波器扫描时间放在 10 μs 或 20 μs 挡位,观察波形是比较合理的。

(5) 将测试的八级灰度黑白全电视信号画出,并在图 1-67 中标出图像、行消隐和行同步的脉宽和幅度参数。

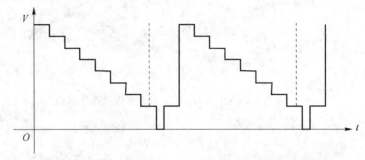

图 1-67　标出图像、同步、消隐信号的脉宽及幅度参数

(6) 将示波器的扫描时间从 20 μs 逐渐增大,观察黑白全电视信号的变化,500 μs 或 2 ms直至可以同时看到场消隐和场同步的波形如图 1-68 所示,填入表 1-14。

(a) 扫描时间20 μs观察黑白全电视信号　　(b) 扫描时间2 ms同时看到行场波形

图 1-68　扫描时间 20 μs 观察黑白全电视信号以及扫描时间 2 ms 同时看到行场波形

表 1-14　示波器扫描时间变化对观察结果的影响

| 时间/格 | 时间/格 | 时间/格 |
|---|---|---|
| 20 μs | 500 μs | 2 ms |
|  |  |  |
|  |  |  |
|  |  |  |
|  |  |  |
|  |  |  |
|  |  |  |
| 观察分析 |  |  |

**3．测试验收**

如果时间允许,教师最好对学生本次测试进行逐一检查,了解学生掌握仪器使用程度,了解学生对黑白全电视信号的理解,以及在测试过程中遇到的问题。

(1)将测试波形及数据整理,填入表 1-13 和表 1-14 中。

(2)为什么扫描时间放在 20 $\mu$s 与 2 ms 时观察到的黑白全电视信号波形差异很大?

(3)使用示波器测试黑白全电视信号时,在测试行信号时为何不能同时看到场信号?

**思考与练习**

1．简述黑白全电视信号的组成,行场扫描参数各是多少?

2．使用示波器应注意哪些事项?简述开机初始设置步骤。

3．当信号幅度为 1 V 时,幅度旋钮放置 10 mV 还是 100 mV 挡合适,为什么?

4．当信号周期为 1 ms 时,扫描旋钮放置 10 $\mu$s 还是 500 $\mu$s 挡合适,为什么?

# 1.6 电视整机组成框图

跟我学：电视整机框图

电视整机是一门专业性很强的应用型专业课程,学生要学好这门课程必须具备扎实的电路分析、模拟与数字电子技术、高频电子技术等方面的专业基础理论知识。但就高职的学生来说,我们无需全面掌握涉及过深的理论基础知识。由丁现代技术使芯片高集成化,不可能详尽地学习电视机各单元电路的工作原理,但是,学生如果能够将重点放在知识的应用上,通过把握各种"框图"来学习,则能取得事半功倍的效果。例如,对于集成电路只讨论内部电路框图、功能及信号流程,而不涉及内部电路的工作原理,尽量用功能方框图代替具体电路进行分析,可使本课程的学习表象化、形象化。下面以彩色电视机原理课程为例进行阐述。

**1．框图的定义**

"框图"又称方框图,是一个方框,方框内有说明电路功能的文字,一个方框代表一个电视机的基本单元电路或者集成电路中一个功能单元电路等。涉及的任何复杂的电路都可以用相互关联的方框图形象地表述出来。电视机中必须掌握的框图主要有:电视信号流程框图、电视机电路组成原理框图、各种集成电路内部功能单元电路框图、各单元电路的具体电路框图等。

**2．框图的画法**

(1)电视机信号流程框图的画法

电视信号流程框图是指电视信号的来龙去脉,即信号从哪里来,经过何电路然后又到哪里去。信号流程具有一定的逻辑性。例如,信号必须来自发射台,从电视机的天线端输入电视机电路,经过电视机的有关信号处理电路,即高中放电路、预视放、色解码、视频放大和基色矩阵等电路,最后加到显像管的三个电子枪中,在其他电路的配合下在显像管屏幕上重显来自电视发射台的信号。在画电视信号流程框图时,只要将信号流经的各功能单元电路用方框图表示,再将这些方框图按一定的逻辑顺序排列起来即可。

（2）电视机电路组成原理方框图的画法

在画电视机组成原理方框图时,要将各功能单元电路都用小方框表示,但不涉及各功能电路的内部电路,如果某功能单元电路结构比较复杂,可画出一个或多个分支方框图。例如,高频调谐电路可以用一个小方框图表示,而中频放大电路比较复杂,需要将它分为图像和伴音两个分支。同时注意各方框图必须按照信号流程的顺序进行排列。例如,高频调谐电路框图在最左边,然后依次为中放电路、预视放电路、色解码和扫描电路、视频放大电路、基色矩阵电路和显像管电路等。

（3）集成电路内部电路框图的画法

彩色电视机的集成电路主要有中频放大集成电路单元、色解码和扫描集成电路单元以及遥控集成电路单元三大集成电路。虽然这些集成电路的内部电路非常复杂,但学生在实际学习中只要掌握其内部电路框图就足以弄清其工作原理。在画集成电路内部电路框图时应注意三条原则:一是按信号走向的顺序排列各内部单元电路,二是让所有功能引脚都与内部电路连接起来,三是标明电源脚和接地脚。

（4）各单元电路的具体电路框图的画法

各单元电路的具体电路是指各功能单元电路的具体组成电路。例如,电子调谐器电路框图,行扫描电路组成框图,行 AFC 电路组成框图,AFT 电路、视频检波电路、稳压电源电路组成框图等。这些电路框图的画法与前三种框图画法相似,也应根据信号的流向,不过有时还需画出关键性的具体分立元件,如在画视频检波电路框图时,除按信号流向画出正确的框图外,还要特别画出 38 MHz 谐振回路。

**3. 框图的作用**

电视机内容多而杂,涉及的电路广泛,给学生的学习带来较大困难,但是如果把握好课程的纲要内容,学习就能得心应手。"框图"是它的核心和灵魂。首先,电视信号流程框图是学习电视整机的线索,学生掌握了信号流程框图就能清楚电视信号的重要性,必须通过哪些电路的作用,从而对电视机电路中的核心电路名称有所了解,根据电视信号流程框图就能顺藤摸瓜开展学习;掌握了电视机电路组成原理框图就能对电视整机全面了解。

学生只要掌握电视机组成原理框图的画法,就能轻松地从整体上把握各种电视机的基本结构,从而顺利地画出它的信号流程图框图,进而对电视机整机电路和信号走向有一个框架式的认识。根据这个"框架"去分析电视机原理图,框出它的各单元电路,了解各单元电路在原理图中的位置、相互关系及其功能,就能很好地把握该机的电路工作原理图。

**4. 电视机维修中判断故障点指南**

电视维修人员经常说的一句话是"图纸心中藏",这里的图纸是指电视机组成原理的框图。在进行维修前,维修人员心中必须有电视机的一般组成电路的框架模型,这样根据具体的故障现象,就能从原则上判断故障点是在哪一块或几块功能单元电路上,然后根据相关的功能单元电路的框图,通过对有关电路的检测,准确判断故障点的具体位置。由此可见,框图是判断电视机故障点的指南。例如,对于一台黑白图像正常、无彩色的电视机,根据其组成原理框图和具体的故障现象,可以判断故障可能在彩色通道单元电路上,很可能是色解码集成电路出了问题。根据色解码集成电路的内部框图,通过检测相关电路,就能准确判断故障位置。

可见,"框图"是了解电视整机学习的重要手段,也是学习所有由复杂电路组成的无线电设备原理的重要工具。如果学生学习电视整机能够熟练掌握框图学习法,那么对今后学习更多、更复杂的视频设备、音频设备的原理会有较大帮助。

### 1.6.1　CRT 电视机组成框图

跟我学：CRT电视机组成框图

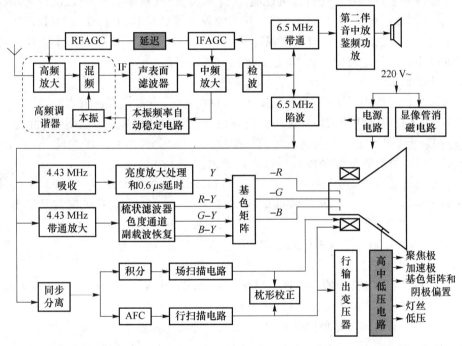

图 1-69　CRT 彩色电视机的组成框图

**1. 公共通道**

完成对图像接收放大处理,由高频部分、中频部分和视频部分组成。

(1)高频部分

即高频调谐器(高频头)。由输入电路、高频放大器、混频和本振电路组成。其作用是选择信号、放大信号和变换频率。选择信号:从接收天线上或有线电缆的各种电信号中,选择需要的电视信号,抑制不需要的干扰信号。放大信号:放大选择出来的射频电视信号,满足混频器对信号幅度的要求。变换频率:通过混频器将高频图像载波频率和伴音载波频率,分别变换成频率较低的图像中频 38 MHz 和伴音中频 31.5 MHz。将天线接收到的高频电视信号选择、放大变频,还原成图像信号和伴音信号,输出固定的中频信号,并通过显像管和扬声器显示图像和重放声音。同时还要抑制本频道以外的干扰。放大的目的是提高整机的信噪比和灵敏度。本振产生一个比所接收的图像载频高出一个中频的正弦振荡，与高放送来的信号一起送入混频器，经混频输出 38 MHz 的图像中频信号和 31.5 MHz 的伴音中频信号。

（2）中频部分

由中频放大、视频检波、自动增益控制和自动杂波控制电路组成。其作用对中频放大、视频检波（去掉中频载波，取出视频信号），高频放大器和中频放大器进行自动增益控制（AGC），并进行自动杂波控制（ANC）。图像中频放大器，从高频头输出的中频信号，送入中频放大器进行放大，其增益达 60 dB，即 1 000 倍。特点是对中频信号中的各种频率成分的放大量不一样。对中频图像信号 38 MHz 放大量较大。提供必要的选择性和特定的通频带，抑制邻道干扰。对伴音中频信号 31.5 MHz 的放大量较小，仅为图像放大量的 1/20，避免伴音干扰图像信号。

视频检波器通过检波器进行包络检波，将全电视信号（视频信号）与载波分离；取出调幅信号的包络，图像信号 0～6 MHz，通过差拍检波取出第二伴音信号 31.5 MHz，中频通道增益能自动变化，保证信号峰-峰值稳定在 1 V 左右。AGC 电路：当接收高频信号强时，自动降低中放电路或高放电路的增益，增益变化在 40 dB 左右。

（3）视频部分

视频部分也称解码器电路，是由亮度通道、色度通道、基准副载波发生器、基色矩阵等电路组成，其作用是将视频检波后的彩色全电视信号 FBAS 还原成三基色 RGB 信号。

1）亮度通道相当于黑白电视机中的视频放大电路部分。由 4.43 MHz 陷波器完成对 4.43 MHz 吸收，再对亮度信号放大和 0.6 $\mu$s 延时。

彩色全电视信号中，彩色图像是由 $Y$ 亮度信号＋$F$ 色度信号组成，4.43 MHz 陷波器是利用串联谐振电路谐振时阻抗为零的原理，谐振在 4.43 MHz 将 $F$ 色度信号滤出，取出 $Y$ 亮度信号。

2）色度通道是彩色电视机图像处理的核心部分。由 4.43 MHz 带通滤波器、梳状滤波器、同步解调器和基色矩阵组成。

4.43 MHz 带通滤波器的中心频率设在 4.43 MHz，将 4.43 MHz±1.3 MHz 的色度信号取出，而色度信号 $F$ 会有亮度干扰，这是模拟技术无法解决的。

梳状滤波器的作用是将色度信号 $F$，分解为红色度 $F_V$、蓝色度 $F_U$。利用超声波延时线 DL、加减法器，分离出 $F_V$、和 $F_U$。这种方法是模拟技术，存在色度分离不彻底的问题，目前已比较广泛使用数字梳状滤波器，针对每条频谱线进行分离，使电视的色彩效果更加逼真。

同步解调器的作用对红色度信号 $F_V$、蓝色度信号 $F_U$ 进行解调，去掉副载波 4.43 MHz，取出红差 $R-Y$、蓝差 $B-Y$。由于色度信号的调制采用的是平衡调幅，对于色度信号的解调必须采用同步解调。

基准副载波发生器的作用同步解调是针对平衡调幅波的解调，平衡调幅波是抑制载波的调幅，即不存在载波，这里需要设置基准副载波发生器，来恢复 4.43 MHz 副载波。基准副载波发生器是由标准 4.43 MHz 晶体振荡器组成。

基色合成矩阵的作用首先利用解调出的 $R-Y$、$B-Y$ 合成绿差 $G-Y$ 信号，再将 $R-Y$、$B-Y$、$G-Y$ 与亮度信号 $Y$ 合成三基色 $RGB$ 信号。三基色合成电路同时也是视放电路，最终将三基色 $RGB$ 送入显像管电子枪 $RGB$ 三个阴极。

**2. 伴音通道**

完成对电视伴音信号的放大处理。由于电视伴音是采用调频技术,所以伴音通道是对调频波的解调。由伴音中放、鉴频和低放电路组成。

(1)伴音中放:对第二伴音信号 6.5 MHz 进行限幅,目的是去掉调频信号的幅度干扰,对限幅后的第二伴音信号 6.5 MHz 进行放大。满足鉴频器电平需要,并消除调频信号的寄生调幅成分。

(2)鉴频:对调频的第二伴音中频 6.5 MHz 解调,将其载波由 6.5 MHz 解调至 20~20 kHz 的音频信号。

(3)低放:经低放大和功放至扬声器。

**3. 扫描电路**

完成电视机行场扫描锯齿波电流的形成,由同步分离、行扫描电路、场扫描电路组成。

(1)同步分离:从 ANC 自动杂波抑制电路来的全电视信号,经同步分离电路,将图像信号和复合同步信号分离出来。由于复合同步信号是电视台发送的行场扫描标准信号,用于控制电视机行场扫描振荡频率。

(2)场扫描:用场同步信号控制场振荡,产生与场同步信号 50 Hz 同频率的场扫描电压。在激励级进行放大及波形校正后送场输出级,再送场偏转线圈,使电子束产生垂直扫描运动。

(3)行扫描:行电路中有锁相环电路 PLL。由行输出级反馈回来的行频脉冲与经同步分离、放大后的行同步信号在锁相环的鉴相器 APC 电路中进行相位比较(当两者频率一致时,锁相环鉴相器输出电压为 0 V;当两者存在频差时,锁相环鉴相器输出相应的控制电压;控制行振荡,实行行频同步)。

行振荡产生行频脉冲,经行激励放大后控制行输出管。产生流过行偏转线圈的锯齿波电流,送入行偏转线圈,控制电子束水平扫描。

**4. 电源电路**

电视机的直流电源大多数都是开关电源,并且电视的电源有多种,分为高压、中压和低压。直流电源是由交流市电经变压器降压、整流、滤波、稳压得到需要的电压信号。中高压:由行输出管在开关工作中使行输出变压器初级产生很高的逆程脉冲,再经过升压、整流、滤波产生显像管所需的各种阳极需要的直流高压和聚焦级、加速级所需要的中压。

(1)阳极电压高

彩色显像管的阳极电流也较黑白电视机大得多。随着图像内容的变化,阳极电流的变化更大。如果高压电源内阻较大,会使阳极电压因阳极电流变化而发生较大变化,造成图像内容变化,屏幕亮度也发生变化。还会造成图像尺寸不规则伸缩、聚焦会聚不良、低压供电不正常。在彩色电视机行输出级中,大多采用高次行频谐波调谐的高压变换电路。

采用多级一次升压逆程变压器,可使高压包到地的分布电容很小,可做到 9 次以上的调谐,使高压整流所用反峰电压波形顶部较平坦,电源内阻较小。整流后,即使负载有较大变化,所引起的高压变化也不大。

(2)扫描电路输出功率

由于彩色电视机的阳极电压高、电流大,所以彩色显像管所需要的偏转功率大,因而扫描电路要有较大的输出功率。

（3）自动亮度限制 ABL 电路

为防止显像管阳极电流过大,高压太高而引起显像管较早衰老损坏,或造成其他器件出现故障,在彩色电视机中多采用 ABL 电路,以控制显像管的阳极电流,使之不超过其厂标极限值。

（4）设有 X 射线保护电路

由于彩色电视机的阳极电压较高,易于产生过量的 X 射线辐射,所以需要设置 X 射线保护电路。当高压因某种原因升高而超过安全值时,进行保护电路动作,终止高压输出。

### 1.6.2　液晶电视机组成框图

跟我学：液晶电视机组成框图

这里以北京信息职业技术学院开发的数字电视接收机教学实验系统为例,介绍液晶数字电视接收机。它由数字接收和解码部分、数字视频处理部分、音频处理和驱动显示部分组成,包括输入接口板、TFT-LCD 输出接口板、VGA 输出接口板、高频头板、MPEG 解码板、MCU 控制板、键盘板、遥控板、音频处理板、模拟视频解码板、A/D 变换板、图像处理板等。本系统采用模块化结构,系统框图如图 1-70 所示。

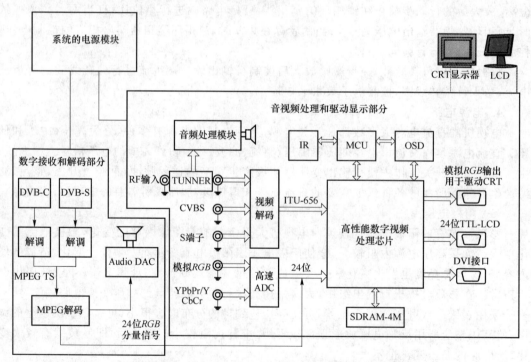

图 1-70　TFT-LCD 液晶电视教学机

将 TFT-LCD 液晶电视机系统分为 10 个模块,分别是音频处理模块、输入接口模块、高频头模块、视频解码模块、A/D 变换模块、图像处理模块、MCU 和 OSD 控制模块、输出接口模块、电源模块、键盘和红外接收模块。

**1. 音频处理模块**

该模块完成各种音频输入信号的处理，提供耳机接口，并将音频信号放大，驱动扬声器。

方案中采用的音频处理器是 MICRONAS 公司生产的 MSP3410G，它具有伴音处理、丽音解码、环绕处理、高低音均衡、音量控制、静音等功能，它与 MCU 通过 $I^2C$ 总线进行通信，是目前广泛运用的伴音处理芯片。方案中采用的音频放大器是飞利浦公司生产的 TDA1517，它是双声道（6 W/声道）功放，具有效率高、散热好的特点。

**2. 输入接口模块**

该模块提供各种输入信号的物理接口，如 CVBS、S-Video、YCbCr、YPbPr、VGA、音频信号。通过电子开关对液晶电视机系统要处理的信号进行选择，同时对各种信号作调整，如限幅等，电子开关选用 PI5V331。

**3. 高频头模块**

目前主流的 TFT-LCD 液晶电视机都不具有直接接收数字电视信号的能力，仍然提供的是接收模拟信号功能，本系统提供模拟接收功能，采用一体化的高频头，直接输出全电视信号和伴音信号。

电视调谐器采用的是成都旭光生产的 JS6B 系列一体化高频头，其特点是频率合成、$I^2C$ 控制、全增补电视频道、单 5 V 供电等。它将本振、频段控制、调谐电压发生集于一体，解调出 CVBS 视频信号和 TV 伴音信号及第二伴音中频（SIF）音频信号，将信号送到输入接口板进行相应的处理。采用一体化高频头，灵敏度高、解调性能好，而且使整个方案简洁可靠。

**4. 视频解码模块**

该模块提供的功能是对复合电视信号（CVBS）、分离电视信号（S-Video）进行解码，并将其数字化以 ITU-656 信号的形式输出给图像处理模块，ITU-656 信号的输出时钟为 27 MHz。

方案中采用的视频解码器是 MICRONAS 公司生产的 VPC3230D，它是一个多制式（PAL/NTSC/SECAM）视频解码芯片，可以解码 CVBS、S-Video 信号，内置运动自适应 4H 梳状滤波器，能得到很好的解码图像质量。它还可以通过外挂画中画（PIP）解码器来实现画中画功能。在 VPC3230D 中经 A/D 变换、亮色分离、色度解调后编码成 ITU-656 信号，送到图像处理模块中的数字视频处理器 WSC1115 进行隔行转逐行变换、图像缩放、图像增强、帧频转换以及显示处理。

**5. MCU 和 OSD 控制模块**

该模块利用 MCU 通过 $I^2C$ 总线实现对系统中各芯片的控制，以及电子开关和 OSD 系统的控制，实现对不同视频信号的处理和 OSD 的显示。

方案中采用的 MCU 和 OSD 是由 MYSON 公司生产的 MTV230，它是一块集成了 OSD 功能、4 路 A/D、4 路 PWM DAC 的基于 MCS-51 内核的单片机芯片。它接收键盘或遥控器的指令，并且通过 $I^2C$ 总线对视频解码器、WSC1115、音频处理器等 IC 的寄存器进行设置，完成相应的功能。MTV230 使用 Flash OSD 字库，用户可以自己定制字库，所以可以支持中文、英文等多国语言。

**6. 输出接口模块**

该模块提供三种显示输出方式，分别是 VGA、TTL、LVDS 方式。其中 VGA 方式便于系统的调试和测试，直接连接具有 VGA 接口的显示器就可以观察图像；另两种 TTL 和

LVDS 用于提供液晶显示接口。虽然对于高分辨率的液晶屏目前很少采用 TTL 接口方式，目前采用的方式大多数是 LVDS 或者其他差分信号的方式，之所以保留 TTL 方式是因为它是得到其他各种信号的基础。

方案中所配合的液晶面板有 TTL 和单通道低压差分信号（LVDS）两种接口类型。WSC1115 经过处理后输出的是 TTL *RGB* 数字信号，如果接的是 TTL 的屏则直接可以驱动，如果接的是单通道 LVDS 接口的屏，则必须把 TTL 信号转换为 LVDS 信号才能驱动液晶面板显示。方案中采用的液晶面板驱动芯片是美国国家半导体公司生产的 LVDS 发送器 DS90C385。

**7. 电源模块**

该模块采用开关电源，最终为系统提供 12 V、5 V、3.3 V、1.8 V 的电压，并且通过 MCU 模块可实现对其的控制，在系统待机时除 MCU 外，使系统的其他部分停止供电，实现降低能耗的目的。

**8. 键盘和红外接收模块**

该模块的功能是当要实现系统的设置和控制时，通过键盘和红外交互接口将信号输入给 MCU 模块，最终由 MCU 实现系统的设置和控制。

**9. A/D 变换模块**

该模块的功能是对 YPbPr、VGA 等分量信号进行数字化，将其变为 24 位的 *RGB* 信号，其中 *R*、*G*、*B* 信号各占 8 位，并将数字信号输出到图像处理模块。

方案中采用的 ADC 是 ADI 公司生产的 AD9883。它接收来自 PC 的模拟 *RGB* 信号和来自数字电视机顶盒的 YPbPr 信号，经过 A/D 变换后生成数字 24 位 4：4：4 *RGB* 信号，送到图像处理模块中的数字视频处理器 WSC1115 进行相应的图像处理和显示。

**10. 图像处理模块**

该模块的功能是完成图像的处理，如隔行/逐行转换，图像的缩放；以及图像性能的提高，如拖尾、锯齿、羽化等。

方案中采用的是成都威斯达芯片公司生产的 WSC1115，是一款综合了隔行转逐行扫描、图像缩放、帧频提升以及视频增强等技术的可编程数字视频处理芯片，它可将输入的 8 位 ITU-656 数字视频信号和 24 位数字 *RGB* 信号按不同应用要求转换成不同输出格式，主要运用于数字电视（DTV）、逐行电视（PTV）、数字高清晰度电视（HDTV）及液晶电视（LCD-TV）等高端电视中。

**11. 信号流程**

数字电视教学机信号流程如图 1-71 所示。由 DVB-C 接收系统接收到有线数字电视信号后，进行 QAM 解调输出 MPEG 传送流 TS；由 DVB-S 接收系统接收到卫星数字电视信号后，进行 QPSK 解调输出 MPEG 传送流 TS。两种解调输出的 TS 流送到 MPEG 解码器进行解码，分别输出视频和音频信号。音频信号经音频 D/A 转换器将数字信号变成模拟信号，并推动扬声器发出声音；视频信号是 24 位的 *RGB* 分量信号，被送到视频处理芯片进行数字处理后，输出的信号可分别驱动 CRT 或 TFT-LCD 显示器显示图像。

由一体化高频头接收到的射频信号，经变换后输出的模拟视频信号送到解码电路，解码后输出 ITU-656 格式的数字信号；由 CVBS 接口直接输入复合视频信号或由 S 端子输入 *Y/C* 分离信号送到视频解码电路，解码后也输出 ITU-656 格式的数字信号。经数字化的信号被送到视频处理芯片进行数字处理后,输出的信号可分别驱动 CRT 或 TFT-LCD 显示器显示图像。此外,由一体化高频头输出的音频信号经音频处理模块电路处理后,推动扬声器发出声音。

高速 A/D 转换器接收模拟 *RGB* 信号或 YPbPr/YCbCr 分量信号,将它们变成 24 位的数字信号后送给视频处理芯片,经数字处理后,输出的信号可分别驱动 CRT 或 TFT-LCD 显示器显示图像。

本系统还包括 IR 红外接收系统,MCU 系统对整个系统进行控制。

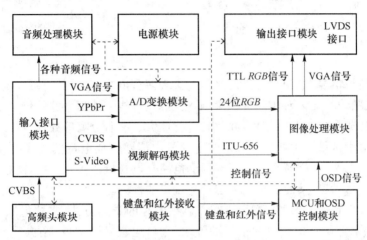

图 1-71　数字电视教学机信号流程图

# 项目 2　液晶电视接收电路的调试

## 项目简介

为了保证电视信号在空间传播得更远,并实现多台电视节目同时传送,电视信号要经过高频调制,由视频信号变为射频信号,之后通过卫星、有线或地面微波的传送方式进行传送。电视机的主要任务是接收射频信号,并对其进行放大、变频、分离等处理,然后将视频图像信号和伴音信号分别送给显示器和喇叭。在电视机内能够完成电视信号接收、放大和变频工作的是高频调谐电路(简称高频头),高频调谐电路是电视机的接收前端,高频调谐器是电视接收机整机的信号入口,其性能直接决定了电视机的性能。

本项目通过射频信号的测试活动,理解射频信号的调制方法,掌握射频电视信号的组成,掌握使用场强仪测试射频电视信号的方法,理解电视频道宽度、图像载频、伴音载频关系。通过高频调谐电路的调试活动,使学生了解高频调谐电路的功能与作用,掌握高频调谐电路的组成,理解电子调谐原理,掌握测试高频调谐电路的方法,学会教学机电视调谐过程。通过自动控制电路的调试,使学生了解自动控制电路工作原理,理解自动控制电路原理,理解脉宽调制信号,掌握自动搜索电台测试脉宽调制波形的方法,理解亮度色度音量控制原理。

## 学习目标

1. 能够使用场强仪测试射频全电视信号,分析电视频道宽度、图像载频、伴音载频关系。

2. 能运用变频原理分析电视整机接收过程,分析高频调谐器和自动控制过程。

3. 熟练使用万用表对高频调谐器波段进行直流参数测试。

4. 能够使用示波器、数字万用表、电视教学机同时进行节目自动搜索与存储,对三种仪器测试结果进行对比,分析其规律。

5. 能够使用示波器、数字万用表、电视教学机对自动亮度色度音量控制、电压开/关机信号、AV/TV 切换,显示字符脉冲测试,比较与自动搜索的异同。

6. 完成项目设计报告编写。

## 教学导航

教学导航介绍本项目的教学方法与学习方法,并分析项目中的重点与难点,供教师和学生参考。

**项目 2 教学导航**

| 教学方法 | 知识重点、难点 | 重点：射频信号的组成、高频调谐器的原理、自动控制电路的原理、脉宽调制信号。 |
|---|---|---|
| | | 难点：高频调谐器的原理、自动控制电路的原理。 |
| | 操作重点、难点 | 重点：射频信号的测试、高频调谐器的调试、自动控制电路的调试。 |
| | | 难点：高频调谐电路的调试。 |
| | 建议教学方法 | 理论教学、动画演示、一体化（理论与实际操作结合）教学。 |
| | 建议教学学时 | 10 学时。 |
| 学习方法 | 建议学习方法 | 教师讲授与演示，引导学生学习并理解；<br>利用场强仪测试射频电视信号；<br>利用示波器测试高频调谐器，理解高频调谐器的工组原理；<br>利用示波器测试自动控制电路，理解自动控制电路的工作原理。 |
| | 学习参考网站 | http://www.chinabjbsc.cn/product/norsat/<br>http://www.philips.com.cn/sites/philipscn_zh/about/news/press/article-14552.page<br>http://wenku.baidu.com/view/40bfd124ccbff121dd36831c.html<br>http://www.56.com/u77/v_NjE2Nzg4ODM.html<br>http://mall.cnki.net/magazine/Article/JTDZ200004083.htm<br>http://www.elecfans.com/video/base/2009073182290.html |
| | 理论学习 | 本项目 2.2.1 射频信号的形成、2.3.2 高频调谐器的工作过程、2.4.1 自动控制组成。 |
| 项目成果 | 编写项目报告书 | 包括项目计划书、射频信号的测试、高频调谐电路的调试、自动控制电路的调试、项目总结报告、项目验收测试单等。 |

# 学 习 活 动

**项目 2 学习活动**

| 学习任务 | 学习活动 | 学时 | 目的及要求 | 授课形式 | 作业 |
|---|---|---|---|---|---|
| 项目2液晶电视接收电路的调试 | 2.1 明确任务，制定计划，安排进度 | 1 | （1）读懂并理解项目任务书中所描述的任务目标及要求。<br>（2）制定工作计划，安排工作进度。 | 理论授课 | 计划书 |
| | 2.2 射频信号的测试 | 2 | （1）理解射频信号的调制方法，掌握射频电视信号的组成。<br>（2）理解射频电视频道频谱。<br>（3）掌握使用场强仪测试射频电视信号的方法。<br>（4）加深理解电视频道宽度、图像载频、伴音载频关系。 | 一体化课 | 调试报告 |
| | 2.3 高频调谐电路的调试 | 3 | （1）了解高频头的功能与作用，掌握高频调谐器的组成，理解电子调谐原理。<br>（2）掌握测试高频调谐器的方法。（普通及 $I^2C$ 高频头）<br>（3）学会教学机电视调谐过程。 | 一体化课 | 调试报告 |
| | 2.4 自动控制电路的调试 | 2 | （1）了解自动控制电路的工作原理，理解自动控制电路原理，理解脉宽调制信号。理解亮度、色度、音量控制原理。<br>（2）掌握自动搜索电台测试脉宽调制波形的方法。<br>（3）使用示波器和万用表对电路测试，比较接收波段与自动搜索的关系。<br>（4）理解示波器与万用表测量值的关系。 | 一体化课 | 调试报告 |
| | 2.5 项目验收、答辩、提出改进建议 | 2 | （1）能够简述自动控制的工作原理，分析射频电视信号测试，报告，并能正确回答问题。<br>（2）针对本人的项目成果，相互评价提出改进意见。 | 一体化课 | 项目报告 |

# 2.1 制定项目计划

本次教学活动采用讲授的方式,首先由教师介绍本项目内容,解读项目任务书,在介绍如何编写制定工作计划的过程中,让学生分组讨论,提出制定项目计划中的问题。

(1) 介绍学习方法,了解本课程内容。

(2) 了解本项目内容。

(3) 如何读懂项目任务书中所描述的任务目标及要求。

(4) 制定工作计划,安排工作进度。

## 2.1.1 情景引入

现在家家户户都有电视机,坐在沙发上手拿遥控器可能是很多同学假期中的一种表现,电视机如何知道你想看哪个台? 又是如何实现控制的? 大家想过吗? 有线电视频道大约有100多个,卫星电视频道大约有几百个,地面开路频道也越来越多。这么多电视频道,都要通过射频线进入到电视机内,射频信号究竟是什么样的? 大家有没有遇到打开电视只有图像没有声音,或者只有声音没有图像的情况? 这又是因为什么? 在大家学习本项目之后,也许就会恍然大悟。

通过项目 2 液晶电视接收电路的调试的学习,使学生在对电视技术有了初步认识之后,进一步加深理解射频信号的组成,理解电视整机内部高频调谐器的作用,理解自动控制电路的作用。

**小提示:**

学完本项目之后,再看电视时,大家在关注电视剧情节之余,可能还会想想该节目是哪个频段的。使用遥控器的时候,思考一下电视机怎么知道的你的意愿呢?

## 2.1.2 实施步骤

(1) 制定工作计划。

(2) 射频电视信号的测试。

(3) 高频调谐电路的调试。

(4) 自动控制电路的调试。

(5) 对项目完成情况进行评价,项目完成过程中提出问题并找出解决的方法,撰写项目总结报告。

根据以上项目实施步骤,制定项目任务书,供教师教学及学生学习参考。

## 项目任务书

教师指导学生学习项目任务书,了解项目的基本要求。

**项目 2 任务书**

| 课程名称 | | 项目编号 | 2 |
|---|---|---|---|
| 项目名称 | 液晶电视接收电路的调试 | 学　时 | 10（理论 1，一体化 9） |
| 目　的 | 1. 能够使用场强仪测试射频全电视信号，分析电视频道宽度、图像载频、伴音载频关系。<br>2. 能运用变频原理分析电视整机接收过程，分析高频调谐器和自动控制过程。<br>3. 熟练使用万用表对高频调谐器波段进行直流参数测试。<br>4. 能够使用示波器、数字万用表、电视教学机同时进行节目自动搜索与存储，对三种仪器测试结果对比分析其规律。<br>5. 能够使用示波器、数字万用表、电视教学机对自动亮度色度音量控制、电压开/关机信号、AV/TV 切换，显示字符脉冲测试，比较与自动搜索的异同。<br>6. 完成项目设计报告编写。 | | |
| 教学地点 | | 参考资料 | 项目指导书、教材、仪器手册等 |
| 教学设备 | 电视整机、电视教学机、示波器、电视信号发生器、场强仪、万用表、视频传输线、射频传输线等。 | | |

**训练内容与要求**

**背景描述**

为了保证电视信号在空间传播得更远，并实现多台电视节目同时传送，电视信号要经过高频调制，由视频信号变为射频信号。电视机接收到射频信号后，对其进行处理，得到视频图像信号和伴音信号分别送给显示器和喇叭。

本项目重点研究射频电视信号，以及能够接收射频信号的高频调谐电路和自动控制电路。

**内容要点**

2.1 明确任务，制定计划，安排进度

(1) 读懂并理解项目任务书中所描述的任务目标及要求。

(2) 制定工作计划，安排工作进度。

2.2 射频信号的调试

(1) 理解射频信号的调制方法，掌握射频电视信号的组成。

(2) 理解射频电视频道频谱。

(3) 掌握使用场强仪测试射频电视信号的方法。

(4) 加深理解电视频道宽度、图像载频、伴音载频关系。

2.3 高频调谐电路的调试

(1) 了解高频头的功能与作用，掌握高频调谐器的组成，理解电子调谐原理。

(2) 掌握测试高频调谐器的方法。

(3) 学会教学机电视调谐过程。

2.4 自动控制电路的调试

(1) 了解自动控制电路的工作原理，理解自动控制电路原理，理解脉宽调制信号。理解亮度、色度、音量控制原理。

(2) 掌握自动搜索电台测试脉宽调制波形的方法。

(3) 使用示波器和万用表对电路测试，比较接收波段与自动搜索的关系。

(4) 理解示波器与万用表测量值的关系。

2.5 项目验收、答辩、提出改进建议

(1) 能够简述自动控制的工作原理，分析射频电视信号测试，报告，并能正确回答问题。

(2) 针对个人的项目成果，相互评价提出改进意见。

**注意事项**

(1) 注意用电安全。

(2) 正确使用仪器，正确连接线路。

(3) 注意仪器安全使用。

**评价标准**

**1. 良好**

① 能正确回答教师提出的相关问题。

② 能正确使用场强仪测试射频全电视信号,分析电视频道宽度、图像载频、伴音载频关系。

③ 能正确使用万用表对高频调谐器波段工作测试,分析其工作过程。

④ 能正确使用万用表、示波器同时测试自动搜索、音频、亮色度调整等,分析其关系。

⑤ 按时完成各种项目报告,报告内容充实。

**2. 优秀**

在达到良好的基础上,同时又具备以下条件。

① 理论问题回答准确、理解深刻、表述清晰、有独立的见解。

② 信号调试仪器使用熟练、测试结果通过快、参数指标高,能较熟练排除故障。

③ 项目报告内容有特色,能客观地进行自我评价、分析判断并论证各种信息。

**3. 合格**

① 能在教师提示下回答相关理论问题。

② 能正确使用场强仪对部分射频全电视信号测试。

③ 能正确使用万用表对部分高频调谐器波段工作测试,分析其工作过程。

④ 能正确使用万用表、示波器同时对部分自动搜索、音频、亮色度调整测试。

⑤ 按时完成各种项目报告,报告内容基本合格。

**4. 不合格**

有下列情况之一者为不合格。

① 不会使用场强仪。

② 不会使用数字示波器。

③ 项目报告存在抄袭现象。

④ 未能按时递交项目报告。

不合格者须重做。

# 2.2　射频信号的测试

　　项目 1 中介绍的黑白全电视信号是视频电视信号,这种信号只能在室内或近距离传输,而电视信号由电视台发出后,一般要经过长距离的传输才能送到用户终端。为使电视信号在自由空间传播得更远,并实现多个电视台节目同时传送,电视信号要经过高频调制后,才能有效地发射出去,即将视频电视信号变成射频电视信号,也称为对电视信号的调制。

## 2.2.1　射频信号的形成

跟我学:射频信号的形成

　　为什么要调制呢?我们以简单的生活常识为例。如图 2-1 所示,信号好比沉重的砖头,搬运的师傅要费很大力气,而且搬运不远,如果将信号放入运载工具飞机上,不仅省了许多力气,而且可以运载到很远的地方,这就是信号需要调制的原因。调制与发射,犹如人们外出旅行,首先要选择运载工具,是乘火车还是坐飞机,通过运载工具将我们运输到目的地,这个运载工具称为载波。

**小疑问:**
为什么演播室制作好的视频信号一定要变成射频信号才能发射出去?什么是信号的调制与解调? 下面的分析可以帮助解答。

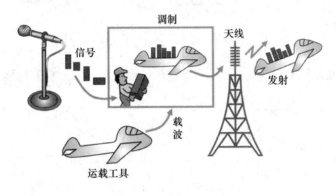

图 2-1　调制示意图

但是,到达目的地后人们需要的是信号,并运载工具载波,这就需要将信号从飞机中取出来,这个工作就称为解调,如图 2-2 所示。

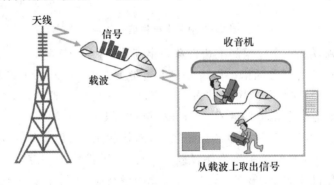

图 2-2　解调示意图

通过以上的分析,学生应该初步理解信号的调制与解调,视频信号通过调制变成射频信号,而射频信号通过解调又变回视频信号,这中间使用的工具就是载波,载波选择的频率就是射频信号的频点。

下面开始分析电视射频信号的组成。如图 2-3 所示,电视信号是图像信号和伴音信号的合成信号,图像和伴音信号分别采用调幅、调频的方式调制之后,再合成为一个信号即射频信号发射出去。

图像信号经残留边带调幅,伴音信号经调频后形成的射频全电视信号频道的宽度为 8 MHz,如图 2-4 所示,其中残留边带图像频带 $B_1 = 1.25 + 6.25 = 7.5$ MHz,伴音频带 $B_2 = 0.5$ MHz,图像载频 $f_c$ 与伴音载频 $f_s$ 相差 6.5 MHz。

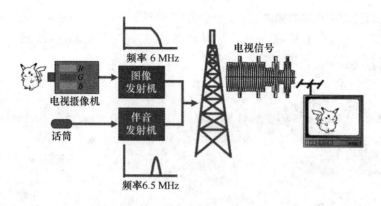

图 2-3　射频信号形成示意图

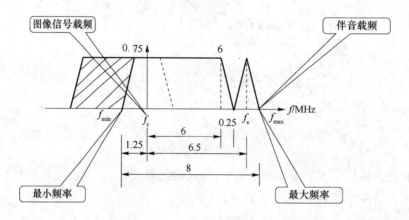

图 2-4　射频全电视信号频带

残留边带调幅发送一个完整的上边带和一小部分下边带,抑制大部分另一下边带,阴影部分是残留边带去掉的部分频谱。保留完整上边带到 6.5 MHz,下边带最大到 1.25 MHz (0.75～1.25 MHz 为过渡区),图像共占 7.5 MHz。伴音采用调频制,占 0.5 MHz 频带。一个完整的电视频道共占频带宽度 $B=7.5+0.5=8$ MHz。

根据图 2-4,在射频全电视信号的频谱图中,图像载频 $f_c$、伴音载频 $f_s$、最高频率 $f_{max}$、最低频率 $f_{min}$ 四个频率之间的关系为伴音载频 $f_s$ 总比图像载频 $f_c$ 高 6.5 MHz,最高频率 $f_{max}$ 比伴音载频 $f_s$ 高 0.25 MHz,最低频率 $f_{min}$ 比图像载频 $f_c$ 低 1.25 MHz。利用四个频率之间的关系,已知其一,可计算其他频率的频点。

例如,已知中央电视台二频道的图像载频 $f_c= 57.75$ MHz,试计算二频道的伴音载频 $f_s$、最高频率 $f_{max}$、最低频率 $f_{min}$。画出二频道的频谱图,并标注出伴音载频 $f_s$、最高频率 $f_{max}$、最低频率 $f_{min}$ 的位置。

解:图像载频 $f_c= 57.75$ MHz,伴音载频 $f_s=57.75+6.5=64.25$ MHz

最高频率 $f_{max}=64.25+0.25=64.5$ MHz,最低频率 $f_{min}=57.75-1.25=56.5$ MHz

二频道的频谱图如图 2-5 所示。

电视信号是图像和伴音的合成信号,它的

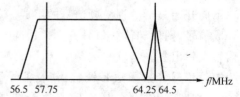

图 2-5　二频道射频信号频谱图

载波频率高且频带宽。图像和伴音信号分别采用调幅、调频的方式,再合成为一个信号发射出去。

### 2.2.2　射频信号的测试

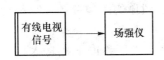
跟我测：射频信号的测试

**1. 设备准备**

场强仪一台,频谱仪一台,不同的场强仪使用方法可能略有不同,教师可参考场强仪自带的说明书,场强仪的使用比较简单。现在很多厂家将频谱仪和场强仪做在一起,使用更方便,测试开始前教师应先引导学生阅读设备说明书并熟悉设备的使用。

射频线若干,用于将电视信号接至场强仪或频谱仪。

**2. 测试步骤**

(1) 如图 2-6 所示,将射频线一端接至实验室内电视信号输出口,另一端接至场强仪的射频信号输入口,按场强仪的开关键,液晶屏上会显示当前电台的节目,按 MENU 菜单,选择相应的测量模式,则会显示当前频道的频道号、图像载频、伴音载频、图像场强,如图 2-7 所示。旋转右侧大旋轮旋钮,可以增减频道。

```
┌──────────┐      ┌──────────┐
│ 有线电视  │  →   │  场强仪  │
│  信号    │      │          │
└──────────┘      └──────────┘
```

图 2-6　射频信号测试连接图　　　　　　图 2-7　场强仪

(2) 在场强 $>53$ dB$\mu$V 的条件下,选择三个连续清晰频道,记录各个频道的频道号、图像载频、伴音载频和图像场强,计算每个频道的图像伴音差和占用带宽,查询电视频道划分表并记录该频道所处的波段,将数据进行整理,填写在表 2-1 中。

表 2-1　选择连续三个清晰频道(场强$>53$ dB$\mu$V)

| 频道号 | 图像载频 | 伴音载频 | 图像伴音差 | 占用频带 | 波段 | 场强 |
|---|---|---|---|---|---|---|
|  |  |  |  |  |  |  |
|  |  |  |  |  |  |  |
|  |  |  |  |  |  |  |

(3) 按台号 1~55($Z_1$~$Z_{42}$)顺序排列各个电台,将各电台的频道号、台标名称、图像载频、伴音载频、图像伴音差、图像场强、清晰程度和波段填入项目报告中的表 2-2。

**表 2-2　按顺序排列的各电台参数**

| 序号 | 频道号 | 台标号 | 图像载频 | 伴音载频 | 图像伴音差 | 图像场强 | 清晰程度（好/中/差） | 波段 |
|---|---|---|---|---|---|---|---|---|
| 1 | | | | | | | | |
| 2 | | | | | | | | |
| 3 | | | | | | | | |
| 4 | | | | | | | | |
| 5 | | | | | | | | |
| 6 | | | | | | | | |
| 8 | | | | | | | | |
| 9 | | | | | | | | |
| 10 | | | | | | | | |

（4）按照图 2-8，将有线电视信号接至频谱仪。

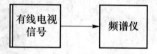

图 2-8　射频信号频谱测试连接图

（5）接收有线电视台的射频信号，测量某个电视频道的图像载频、伴音载频、总频谱宽度，对其进行频谱对比分析测试。

（6）测量上下邻道图像及伴音之间的频率间隔。测量邻道干扰与本频道之间的频率间隔。

（7）48.4 MHz 开始，观察电视信号频谱图，验证表 2-2 场强仪记录电台的频谱是否一一对应。选择某个电台，将测试到的残留边带电视信号频谱画在图 2-9 中。

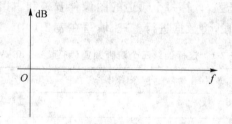

图 2-9　有线电视台射频信号频谱

### 3. 测试验收

如果有时间，教师最好对学生本次测试进行逐一检查，了解学生掌握仪器使用程度，了解学生对射频信号的理解，以及在测试过程中遇到的问题。

（1）将测试波形及数据整理，填入表 2-1 和表 2-2 中。

（2）从表 2-1 中的数据分析每个电视台所占频带宽度是多少。

（3）从表 2-2 中的数据分析射频信号中图像载频与伴音载频相差多少。

**思考与练习**

1. 什么是调制与解调？信号不经调制能发射吗？

2. 射频信号与视频信号有何不同？

3. 已知图像载频 65.75 MHz，计算频率范围 $f_{max}$、$f_{min}$ 及伴音载频 $f_s$。

已知最高频率 191 MHz，计算频率范围图像载频 $f_c$、$f_{min}$ 及伴音载频 $f_s$。

# 2.3　高频调谐器的调试

电视中的高频调谐器是电视接收终端中的重要器件，俗称高频头。它是电视机用来接收高频信号和解调出视频信息的一种装置，也是公共通道的第一部分。

普通电视调谐器是以模拟的方式完成接收放大、选频、变频的过程，若其中有畸变和失真，会使接收的图像和伴音质量变差。

## 2.3.1　高频调谐器的作用

跟我学：高频调谐器的三个作用

一般接收下来的模拟高频信号频率很高且微弱，高频头对这个频率高且微弱的信号处理能力还是不够的。因此模拟高频头的主要任务是选频道，另外一个任务就是降频，把接收到的高频信号降低到一个固定频率之上，这个固定频率信号就是中频信号，其频率一般为 38 MHz。中频信号对于视频来说，还是高频信号，它还需要进一步放大，然后才进行解调和各种处理（例如，同步分离、亮色信号分离等），中频放大电路的任务主要是中频信号放大和音视频信号解调。另外，中频放大对视频信号解调也很特别，一般都用同步检波，包络失真非常小。中频信号经解调后输出视频信号和音频信号，即视频信号 AV 信号，AV 信号还需进一步进行彩色信号处理（解码）才变成 RGB 三基色信号。

高频调谐器主要有如下三个作用。

（1）选频：从天线接收到的各种电信号中选择所需要频道的电视信号，抑制其他干扰信号。

（2）放大：将选择出的高频电视信号（包括图像信号的伴音信号），经高频放大器放大，提高灵敏度，满足混频器所需要的幅度。

（3）变频：通过混频级将图像高频信号和伴音高频信号与本振信号进行差拍，在其输出端得到一个固定的图像中频信号和第一伴音中频信号，然后再送到图像中频放大电路。

**小疑问：**

　射频信号经过天线、输入回路进入高频调谐器后,具体是怎么处理的呢？下面的分析可以解答。

### 2.3.2　高频调谐器的工作过程

跟我学：高频调谐器的工作过程。

#### 1. 波段的选择

天线接收的电视信号,进入高频头后有 V 波段、U 波段两个通道。U 波段是信号频率 470~958 MHz,高通滤波器通过 450 MHz 以上的信号。V 段是信号频率 48.5~223 MHz,带通滤波器通过 40~300 MHz 的信号。如图 2-10 所示。

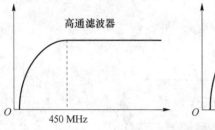
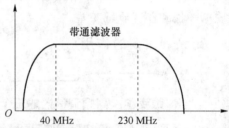

图 2-10　U、V 通道滤波器频率特性

如图 2-11 所示,当接收 VHF 频道信号时,开关 S 断开,同时 UHF 频段不供电（电源 BU＝0）,电路不工作。此时 1~12 频道信号经带通滤波器送至 VHF 输入回路,经初选再进入 VHF 高频放大,然后与 VHF 本振信号混频,最后输出中频 38 MHz 的残留边带中频调幅信号,31.5 MHz 的伴音中频信号,以及 33.57 MHz 色度副载波中频信号。当接收 UHF 频段信号时,开关 S 接通,同时 UHF 电路因接通电源工作,此时 VHF 相关电路因停止供电（电源 BV＝0）而不工作。但混频器电源 BM≠0,仍处于工作状态,并作为 UHF 的中放级。即 UHF 变频器把 13~68 频道的电视信号变成中频信号,经放大后输出。

由于整个电视频道所占的频率范围很宽（48.5~958 MHz）,常把它们分为 VHF（甚高频）和 UHF（特高频）两部分。实际的高频调谐器内部分为两个通道,VHF 调谐回路内部由 LC 集中参数元件组成,UHF 调谐回路内部采用分布参数调谐回路组成。

从上述分析可知,输入高频头的全频段高频信号,首先要通过高通滤波器和复合带通将 U 频段、V 频段的高频信号分离,这种根据 U 频段和 V 频段信号频率不同的分离信号方法称为频率分离方法。

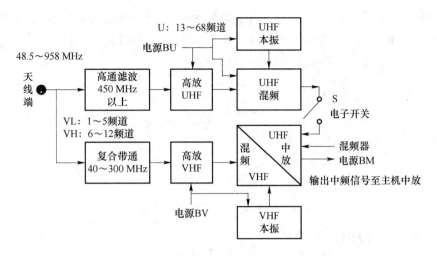

图 2-11　高频电子调谐器组成框图

**小提示：**

从图 2-11 可以看出，除 VHF 混频器是 U、V 频段共用的电路外，其他电路 U 频段和 V 频段是独立的。根据这点可知，当 VHF 混频器出现故障时，U 频段和 V 频段均不能正常接收。

### 2. 电子调谐过程

高频调谐器选台的过程就是电子调谐过程，当谐振回路的谐振频率 $f_。$ 与被选电台的频率一致 $f_。=\dfrac{1}{2\pi\sqrt{LC}}$ 调整谐振电路中的电感 $L$ 或电容 $C$，可以调谐电路频率，在电子调谐的高频头中是利用改变电容 $C$，改变谐振频率，达到选台的目的。那具体的调谐过程是什么样的呢？下面来学习。

电子调谐过程是利用变容二极管的压电效应。所谓变容二极管是一种当加反向电压时，结电容变化大的二极管，加在变容二极管两端的电压称调谐电压 VT。VT 在 0～30 V 变化。

电调谐高频头采用变容二极管作为回路中的可变调谐电容。变容二极管是一个特殊的 PN 结晶体二极管，通过改变加在变容管两端的反向偏置电压来改变结电容 $C_j$，达到改变谐振频率的目的。其结电容与外加偏压的关系如图 2-12 所示。当偏置电压在 $-30\sim-3$ V 变化时，电容值在 $3\sim18$ pF 变化，其电容量变化比为 $C_{max}/C_{min}=6$。

由变容二极管构成的调谐电路如图 2-13 所示，电容 $C$ 数值较大，回路谐振频率主要由 $C_j$ 的变化决定，典型的变容二极管为 2CB14。若

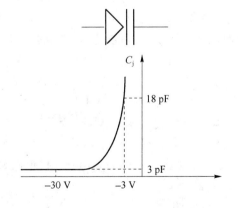

图 2-12　变容二极管压电曲线

调节电位器 $R_w$，加到变容二极管两端电压变化，根据变容二极管压电曲线，随着谐振电容发生 $C_j$ 变化，从而使 $LC$ 谐振电路的谐振频率 $f_o$ 变化，达到调谐选台的目的。

电子调谐的过程可以表示为 $R_w \rightarrow U \rightarrow C_j \rightarrow f_o$。

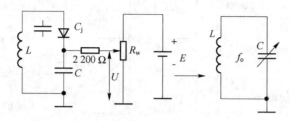

图 2-13　电子调谐原理示意图

### 2.3.3　高频调谐器的分类

跟我学：常见高频调谐器的分类

目前电视机使用的高频头一般分为数字信号高频头和模拟信号高频头，简单地讲就是接收电视信号调谐及高频信号放大器。

**小常识：**

（1）高频头的发展历史大致分为三个阶段：分立式高频头（2000 年前）、一体化高频头（2000 年至今）和数字高频头（2003 年至今）。

（2）按照高频调谐器接收信号的方式又分为：电压合成式、频率合成式、一体化调谐器和新型调谐器几种。

#### 1. 电压合成式高频调谐器

电压合成式高频调谐器，又称电子调谐器，上面介绍的高频调谐器就是电压合成式高频调谐器，模拟信号主要采用这种高频调谐器。主要由四部分组成：输入回路、高频放大器、混频器和本机振荡器，其组成框图如图 2-14 所示。其中，输入回路实现选台；高频放大器放大接收电视信号，并进一步选频；本机振荡器产生一个比接收频道图像载频高 38 MHz 的等幅信号；混频器将本振信号与接收频道的图像载频、伴音载频进行混频，得到固定的中频信号。图像中频信号 $f_{PI} = f_o - f_P = 38$ MHz，伴音中频信号 $f_{CI} = f_o - f_c = 31.5$ MHz，色度中频信号 $f_{SCI} = f_o - f_{sc} = 33.57$ MHz。

电压合成式高频调谐器分为三种类型，分别为 TDQ-1 型，其内部采用常规小型引线元件，体积较大，如图 2-15 所示；TDQ-2 型，在 UHF 部分实现了薄型化设计，如图 2-16 所示；TDQ-3 型，在 VHF 部分采用了集成电路，体积小，如图 2-17 所示。

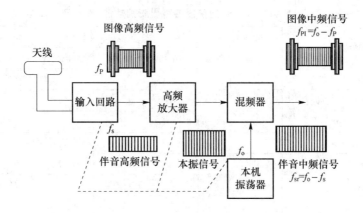

图 2-14 高频调谐器组成示意图

TDQ-1型　·对应国外A型产品
　　　　　·无AFT功能端子

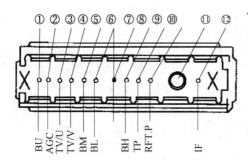

·引角功能
BM：供入工作电源；
BL：供V段1~5频道工作电源；
BH：供V段6~12频道工作电源；
BU：供U段工作电源；
TV/U：供U段调谐电压；
TV/V：供V段调谐电压；
AGC：供自动增益控制电压；
TP：测试点。

图 2-15　TDQ-1 型电子调谐器外形图

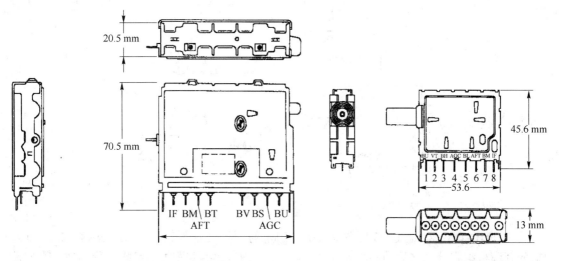

图 2-16　TDQ-2 型电子调谐器外形图　　　　图 2-17　TDQ-3 型电子调谐器外形图

表 2-3　电压合成式高频调谐器各引出脚的功能、符号及电压值

| 引出脚功能 | 符号 | TDQ-1 | | TDQ-2 | | TDQ-3 | |
|---|---|---|---|---|---|---|---|
| | | 编号 | 电压/V | 编号 | 电压/V | 编号 | 电压/V |
| 调谐器电源电压输入 | BM | ⑤ | 12 | ⑨ | 12 | ⑦ | 12 |
| VHF 频段工作电压输入 | BV | | | ⑤ | 12 | | |
| VHF 低频段工作电压输入 | BL | ⑥ | 12 | | | ⑤ | 11.5 |
| VHF 高频段工作电压输入 | BH | ⑧ | 12 | | | ③ | 11.5 |
| UHF 频段工作电压输入 | BU | ① | 12 | ② | 12 | ① | 11.5 |
| 开关电压输入 | BS 或 BSW | | | ④ | 30 | | |
| 调谐电压输入 | BT | | | ⑦ | 0.5～30 | ② | 0.5～30 |
| VHF 频段调谐电压输入 | TV/V | ④ | 0.5～30 | | | | |
| UHF 频段调谐电压输入 | TV/U | ③ | 0.5～30 | | | | |
| 高放 AGC 电压输入 | AGC | ② | 7.5～0.5 | ③ | 8～0.5 | ④ | 7.5～0.5 |
| 自动频率微调电压输入 | AFT | | | ⑧ | 6.4±4 | ⑥ | 6.5±4 |

## 2. 频率合成式高频调谐器

频率合成式高频调谐器原理框图如图 2-18 所示。包含高精度、高稳定度的晶体振荡器，频率 $f_{cry}=4\text{ MHz}$；可选定分频比 $R$ 和 $P$ 的两个固定分频器；可编程程控分频器，分频比 $N$ 由 CPU 通过 $I^2C$ 总线传送，计数范围 15 位二进制正整数；鉴相器（APC）和低通滤波器（LPF）。VFL、VFH 和 UFH 三个频段的电台搜索、调谐共用一套频率合成锁相环电路。

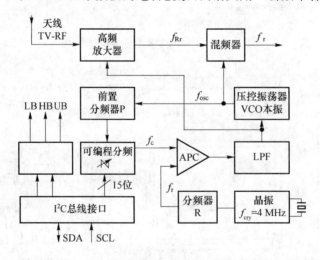

图 2-18　频率合成式高频调谐器原理框图

锁相环（PLL）的锁定原理：晶振频率经固定的分频之后得 $f_r=f_{cry}/R$；本振频率经过固定分频和可编程分频之后的频率是 $f_c-f_{osc}/(P\times N)$。两者同时进入鉴相器 APC，首先是频率对比，然后是相位对比，不相等时将产生误差电压输出，在滤除高频分量之后产生与误差成正比的电压 $V_d$，用于逆向改变 $f_{osc}$，直至 $f_c=f_r$ 完全精确相等为止，称为"锁定"。因此锁定方程式是 $f_{osc}=P\times N\times f_{cry}/R$。

高频头在搜索调谐电台过程中，当 P、R 选定之后，式中只有 $N$ 是随时变化的。P 与频

段的启起频率有关,$N$ 每加 1 或每减 1,本振频率 $f_{\text{osc}}$ 将增加或减少一个 $f_{\text{cry}}/R$ 频率级别,故称"步进频率"。可见调谐频率不是连续变化的,而是将一个频段(UHF、VHF-H、VHF-L)分成 $N_{\max}=2^{15}=32\,767$ 级。由此可见,要精确调准所有电视台,步进频率必须是每一个频道图像载频的公约数,因为 $N$ 是正整数。经计算,我国所有频道图像载频的最大公约数是 62.5 kHz,所以 31.25 kHz、15.625 kHz、7.812 5 kHz、3.906 25 kHz……都是图像载频的公约数。调谐过程是以"相对失谐"衡量调谐准确性的标志,更何况还有"精调"和"细调"之分,因此对步进频率的选择(即对分频比 $R$ 的选择)不是始终如一的。VHF 的步进频率应选小($R$ 大),UHF 的步进频率应选大($R$ 小);粗调时步进频率大,细调时步进频率小。

频率合成式高频头电路中,正因为步进频率的高度精确、稳定,和锁相环的自动频率跟踪性能,故此只有那些图像载频正好等于步进频率整数倍($N$ 倍)上的电视台,调谐才能准确。现在有个别有线电视台图像载频偏离了国家标准,从而调谐不可能准确,出现"无彩"或"噪声大"的现象就不足为奇了。其实这不是高频头的过错。作为彩电接收机而言,在不能改变现状的情况下,解决的方法之一是将高频调谐分为"粗调"和"细调",细调时将步进频率选得更小,并分别储存可编程分频系数 $N$;解决的方法之二是略微改变晶振频率,以达到对所有电视台的锁定频率与标准频率之间的"相对失谐"处于均衡的最小值。

常见的频率合成式高频调谐器为 U101AMT02401,其引脚图如图 2-19 所示,各引脚作用如表 2-4 所示。

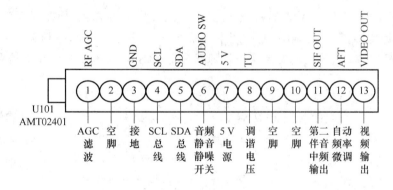

图 2-19　频率合成式高频调谐器 U101AMT02401 引脚图

**表 2-4　U101AMT02401 引脚功能**

| 脚位 | 符号 | 功能 | 脚位 | 符号 | 功能 |
|---|---|---|---|---|---|
| 1 | RFAGC | 高频头自动增益控制 | 8 | TU | 调谐电压输入 |
| 2 |  | 空脚 | 9 |  | 空脚 |
| 3 | 5 V | 5 V 电源供电脚 | 10 |  | 空脚 |
| 4 | SCL | $I^2C$ 总线时钟线 | 11 | SIF-OUT | 伴音中频输出 |
| 5 | SDA | $I^2C$ 总线数据线 | 12 | AFT | 自动频率微调 |
| 6 | ASW | 伴音制式开关 | 13 | VIDEOOUT | 视频输出 |
| 7 | 5 V | 5 V 电源供电脚 |  |  |  |

### 3. 一体化高频头

高频信号放大及变频处理,模拟高频头一般不带中频信号放大和高频信号解调功能,因此模拟电视还需另外再加一个中频放大器和高频信号解调器。

在新型的中放一体化高频头中,大多使用频率合成式高频头,使用 $I^2C$ 总线方式对高频头进行控制,所有调谐数据包括频段控制、频率控制等,都是通过 $I^2C$ 总线送入高频头。图 2-20 为一体化高频头。中放一体化高频头内部集成有频率合成式高频头和中频处理两部分电路,它能直接输出视频全电视信号 CVBS 和第二伴音中频信号 SIF,或直接输出视频全电视信号 CVBS 和音频信号 AUDIO,受 $I^2C$ 总线控制。

图 2-20　一体化高频头

一体化高频头使用 30 V 左右的调谐电压,有两种供电方式:一种在高频头外部设置有 30 V 电压形成电路;另一种是将 30 V 产生电路集成在高频头内部,高频头只使用一组 5 V 电源供电,如图 2-21 所示电路的高频头管脚就是将 30 V 调谐电压集成在高频头内部。

**小提示:**

当液晶电视 30 V 调谐电压丢失,电视会出现搜不到台的故障,但有的液晶电视若 30 V 调谐电压丢失,电视则会出现没有 TV、AV 的状态,实际维修过程中发现液晶电视高频头损坏,其重要原因是高频头 30 V 调谐电压的倍压整流电路故障损坏,导致脉冲较高,最终损坏高频头。

实际维修时,对一体化高频头的重要监测点为电源电压、$I^2C$ 总线和视频信号输出,在图 2-21(a)中,高频头第 3 引脚为 5 V 电源电压,第 7、8 引脚为 $I^2C$ 总线,第 16 引脚为视频输出端,当电视机接收标准彩条电视信号时,测得高频头第 16 引脚输出的全电视信号行周期输出波形如图 2-21(c)所示,信号幅度峰-峰值大约为 1 V。高频头第 14 引脚为第二伴音中频信号 SIF 输出端,用示波器观测该引脚输出波形如图 2-21(b)所示,为幅度大约 0.85 V 的正弦波。

**4. 数字化高频头**

数字高频头的作用是接收数字电视高频信号,并进行频道选择和高频信号放大及变频处理,有些还带中频信号放大和高频数字信号解调功能,高频数字信号经解调后,输出的数字信号为 TS(Transport Stream)流,也叫传输流,它是以"帧"为单位的数字信号传输流,每一帧数字信号中含有同步头、数据、结尾等信号。对于 MPEG-2 数字信号,每帧信号是由长度为 188 字节的二进制信号包组成,其内容含有一个或多个节目。这里"帧"的概念与电视

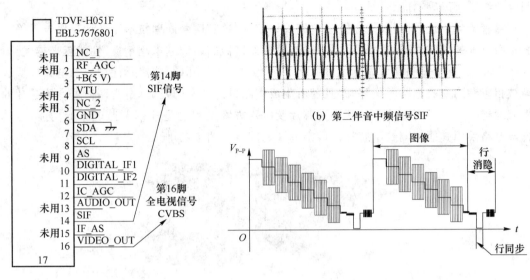

(a) 一体化高频头引脚分布　　　　(c) 视频输出Video Out信号

图 2-21　一体化高频头引脚分布及波形图

图像中的帧很类似,但内容不相同,一帧 MPEG-2 数字信号对应于一帧图像来说,只相当于一幅图像内容中的几个像素点。根据接收高频数字信号的调制方式,数字高频头还分正交键控调相(Quadrature Phase Shift Keying,QPSK)调制高频头和正交调幅(Quadrature Amplitude Modulation,QAM)调制高频头。QPSK 调制高频头主要用于卫星电视信号接收,QAM 调制高频头主要用于有线电视信号接收。

目前,数字电视调谐器可分为三大类。第一类是单变频结构,直接把接收到的射频电视信号下变频到中频信号。单变频结构又分为两波段(VHF 和 UHF)单变频结构和三波段(VHF-L、VHF-H 和 UHF)单变频结构;第二类是双变频结构,首先把接收到的射频电视信号上变频到某一固定频率,然后再降至中频信号;第三类是最近推出的低中频结构。相应的调谐芯片分为单变频数字电视调谐芯片、双变频数字电视调谐芯片和低中频数字电视调谐器芯片三大类。

**小知识:**
数字电视调谐器可分为三大类。
(1) 单变频结构:接收到的射频电视信号下变频到中频信号。
(2) 双变频结构:接收到的射频电视信号上变频到某一固定频率,再降至中频信号。
(3) 低中频结构。

整个数字电视调谐器由两部分功能电路组成。前端的调谐电路,负责射频接收、变频、滤波以及自动增益控制等功能,该部分电路除了要实现信号接收的基本功能,还要处理好信号干扰问题,常见的如镜像信号干扰、临频道干扰等问题。模拟电视中干扰会带来多条图线,而数字电视中干扰严重时可直接导致信号的丢失;后端的解调电路,负责 A/D 转换、解调以及纠错解码等功能。

随着微电子技术、超大规模集成电路设计技术、数字信号处理技术以及计算机技术等方面实用技术的突破,国际市场竞争的加剧,电视调谐器的制作越来越精良,性能越来越优异,并向集成化、小型化和高可靠性发展。从 20 世纪 70 年代开始,分离器件构成的电路模块逐渐被相应专用集成电路所代替,并且随着集成电路设计技术的发展,电视调谐器专用芯片的集成度越来越高。新型数字电视调谐芯片及应用方案实现的是前端调谐电路的功能,后端解调电路采用其他解调专用芯片。数字电视调谐器如图 2-22 所示。

图 2-22  数字电视调谐器

### 2.3.4  高频调谐器的测试

跟我测:高频调谐器的测试

在高频调谐器测试之前,对高频头的各个引脚功能作一下说明。

(1) 调谐器电源电压 BM

调谐器电源电压 BM 的输入,在不同型号的调谐器上引出脚编号虽不同,但其电压值均为 +12 V。此电压供给调谐器内部各晶体管和场效应管作为直流工作电压。只要电视机电源一接通,无论它是工作在什么频段、什么频道,此脚上均应有正常的工作电压;否则将出现所有频道均无图像、无伴音的故障现象。

(2) 频段切换电压

频段切换是靠切换调谐器有关引脚上的电压来实现的。以 TDQ-3 型为例,BL、BH 及 BU 三个引脚中,同一时刻只能有一个引脚接上 +12 V。当 BL 为 +12 V,BH、BU 为 0 V 时,可接收 VL 频段(1~5 频道);当 BH 为 +12 V,BL、BU 为 0 V 时,可接收 VH 频段(6~12 频道);当 BU 为 +12 V,BL、BU 为 0V 时,则可接收 U 频段(13~68 频道)。

频道切换的实质是通过改变调谐器有关引脚(BL、BH 和 BU)的电压,以改变调谐器内部开关二极管的导通和截止,从而等效地切换了谐振回路中的电感线圈。

需要强调的是,无论是工作在 VHF 频段还是工作在 UHF 频段,调谐器的电源电压 BM 应始终为 +12 V。切换频段时仅仅是让 +12 V 分别加到 BL、BH 和 BU 引脚上而已。

(3) 频道调谐电压 BT

频道调谐电压 BT 是给出 0~30 V 搜索电台电压,去控制高频头中的变容二极管两端电压,从而改变谐振频率,选择不同的电台。

（4）自动频率调节电压（AFT）

自动频率调节采用将中频取样电压叠加在调谐电压上的方式，去控制电子调谐器中本机振荡器的谐振回路，最终使电子调谐器输出频率正确的图像中频信号。AFT 电压引入脚的电压值一般为（6.5±4）V。

（5）自动增益控制电压（AGC）

现在生产的电子调谐器，其高放管普遍采用双栅 MOS 场效应管，因此，其高放 AGC 电压的动态范围较大，而且都是采用反向 AGC 控制方式。静态时或外来信号较弱时，AGC 引脚端的电压为 7.5 V。当外来信号过强时，高放 AGC 起控，图像中频通道送到电子调谐器 AGC 电压端的电压值开始降低，使高放双栅 MOS 管的电压增益下降，达到自动增益控制的目的。当外来信号很强时，高放 AGC 端电压可能会下降到零点几伏。

**1. 设备准备**

带有高频头各引脚端的教学机或电视接收机，扫频仪一台，万用表一台，电视遥控器一个，射频天线若干。

为了测试自动控制电路，增强对其工作过程的理解，我们开发了教学机，下述内容针对该教学机进行介绍，没有教学机的学校可以参照实验内容自行设计开发测试设备。

**2. 测试步骤**

通过对电压合成式高频调谐器的测试，确定频段的接收频率范围；找到接地点的变化对测试结果的影响规律，掌握测试频率特性曲线的方法，通过电压合成式高频调谐器波段直流电压的测试，掌握电压合成式高频调谐器工作过程，理解 VL、VH、U 段电压合成式高频调谐器波段电压的控制过程。

（1）高频调谐器幅频特性曲线测试

1）将电视信号线接至扫频仪输出信号端，扫频仪输入探头接高频头 IF 端，探头地与高频头地相接。

2）接通电视机电源，使其工作在手动扫描状态，并设置接收频段为 VL，当进行上下扫描时，观测并绘制扫频仪显示屏上曲线。

3）改变扫频仪的接地点与接地线的长度，观测曲线形状的变化，找出接地点变化对测试结果的影响规律。

（2）波段电压测试

如果没有电视教学机，可以将普通电视机高频调谐器的各个管脚引出进行测试。设某高频头管脚排列如图 2-23 所示。

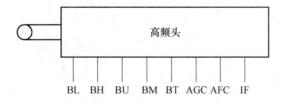

图 2-23　测试高频头管脚分布图

如果某电视教学机面板如图 2-24 所示，根据面板给出的点测试进行测试。

1）连接好电视信号线和电视机高频头插口，打开电视机开关并调谐好电视频道。

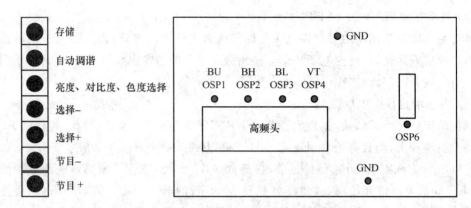

图 2-24　某电视教学机高频头管脚分布图

2) 将电视机台号调到"0"后,运行电视机的"自动搜索",记录 VFL、VFH、UHF 各频段所占用的台号范围。对照高频头各引脚端,使用万用表测试不同频段时各引脚电压,并将结果填入表 2-5。

表 2-5　高频调谐器波段电压测试

| 电压值<br>波段 | OSP3(BL) | OSP2(BH) | OSP1(BU) |
|---|---|---|---|
| VL | | | |
| VH | | | |
| U | | | |

**小提示:**
　　使用万用表测试时,注意红表笔接触电压合成式高频调谐器的相应引脚,黑表笔要接地,可是电压合成式高频调谐器的哪个引脚是地呢? 注意电视机中电压合成式高频调谐器的金属外壳是接地的,所以实际测试时,万用表的黑表笔要放在哪里? 你知道了吗?

（3）存储电台的方法

使用遥控器将搜到的 VL、VH、U 三个波段各一个存储到 1、2、3 号,用万用表分别测试 1、2、3 号台的波段电压,具体操作步骤如下。

1) 选中波段 1 某台。

2) 按存储键。

3) 节目±置 1。

4) 再按存储键,变绿即存储完成。

依此类推分别测试 1、2、3 号台的波段电压。并用外用表测试工作电压验证。将测试结果填入表 2-6 中。

表 2-6  按波段存储电台测试

| 波段 | 台号 | 台标 | OSP1<br>BU | OSP2<br>BH | OSP3<br>BL |
|------|------|------|------------|------------|------------|
| VL | 1号 | | | | |
| VH | 2号 | | | | |
| U | 3号 | | | | |

**3. 测试验收**

如果有时间,教师最好对学生本次测试进行逐一检查,了解学生掌握仪器使用程度,了解学生对射频信号的理解,以及在测试过程中遇到的问题。

(1) 将测试数据整理,填入表 2-5 和表 2-6。

(2) 根据表 2-5 中的数据,分析此高频调谐器每个波段 VL、VH 及 U 的工作电压值。

(3) 根据表 2-6 中的数据,判断 1、2、3 号台各是哪个波段的。

**思考与练习**

1. 高频头由哪几大部分组成? 各有什么作用?

2. 电子调谐器中的变容二极管和开关二极管各起什么作用?

3. 说明高频调谐器工作在 VL、VH 和 U 波段时,其外部管脚电压值。

4. 什么是变容二极管? 它在高频调谐时有什么作用?

5. 目前高频调谐器分几大类?

# 2.4  自动控制电路的调试

目前,电视的调谐是利用大规模集成电路 CPU 芯片实现自动调谐、存储和信号处理工作。芯片型号很多,但基本功能是相同的。

## 2.4.1  自动控制电路的组成

跟我学:自动控制电路的组成

**1. 自动控制电路的功能**

电视机的自动控制电路主要由遥控发射、遥控接收、微处理器及存储器等组成,其功能是代替频道预选器和状态控制等调节装置。目前的遥控器基本是红外系统,发射上的每个按键代表着一种控制功能。按动按键,将产生代表该功能的编码数字脉冲串(指令),将代码调制在频率为 38 kHz(或 40 kHz)的载波上,由载波激励发送器中的红外线发光二极管产生受调制红外波。接收器接收到遥控信号通过红外光学滤波器和光电二极管转换为 38 kHz(40 kHz)的电信号后,经放大、检波、整形等环节,恢复出原发送代码,控制代码加到微处理器,经识别并实施控制。遥控彩色电视机组成框图如图 2-25 所示。

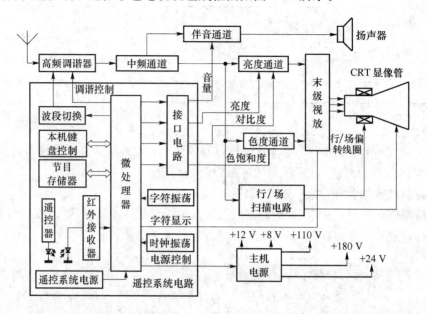

图 2-25　遥控电视机组成框图

遥控电路已经历了由单项控制到多项控制,由电视机控制到 AV 设备的控制,由单机控制到多机控制的发展过程。其主要控制功能如下。

（1）频道切换/搜索

① 直接频率合成式（锁相或直接数字频率合成高频头）

② 电压合成式（电调谐高频头）

（2）对比度调节

（3）音量调节/伴音静音

（4）色饱和度调节

（5）亮度调节

（6）屏幕显示 ON/OFF

（7）开/关机及定时控制

（8）标准状态

（9）AV/TV 切换

（10）其他扩展功能

**2. 电压合成式遥控电路**

由于频率合成式遥控电路结构复杂、造价高,所以目前大多数遥控电路都采用电压合成式控制电路。电压合成式遥控电路由微处理器（4 位单片机）、接口电路、键盘、红外收/发装置等组成,如图 2-26 所示。

为了使选择频道时的调谐过程简便易

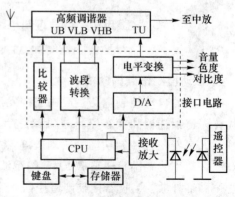

图 2-26　电压合成式遥控电路组成

行，彩色电视机采用调谐电压预先置定并存储的方法。完成预置、存储记忆和控制不同频道调谐电压的电路称频道预选器。电子调谐器和频道预选器二者是密切相关的。

**3. 脉宽调制 PWM 信号**

自动调谐 PWM 是 Pulse Width Modulation 的缩写，中文意思是脉冲宽度调制，简称脉宽调制。

它是利用微处理器的数字输出来对模拟电路进行控制的一种非常有效的技术，广泛应用于测量、通信、功率控制与变换等许多领域。PWM 是一种对模拟信号电平进行数字编码的方法。通过高分辨率计数器的使用，方波的占空比被调制用来对一个具体模拟信号的电平进行编码。

PWM 信号仍然是数字的，对噪声抵抗能力的增强是 PWM 相对于模拟控制的另一个优点，而且这也是在某些时候将 PWM 用于通信的主要原因。从模拟信号转向 PWM 可以极大地延长通信距离。在接收端，通过适当的 *RC* 或 *LC* 网络可以滤除调制高频方波并将信号还原为模拟形式。总之，PWM 经济、节约空间、抗噪性能强，是一种值得广大工程师在许多设计应用中使用的有效技术。

电压调谐控制高频头，控制电压是由微处理器 CPU 提供的，波段一般也是由波段选择集成块提供，但目前已集成在一块。VT 调谐电压在 CPU 内部形成 PWM 信号，共有 $2^{14} = 16\,384$ 个等级，经过低通滤波变成 $0{\sim}30$ V 的模拟电压。如图 2-27 的波形所示。

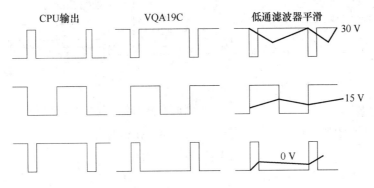

图 2-27   调谐电压脉宽调制信号

CPU 输出 PWM 信号，经三极管反相放大，再经低通滤波器平滑为 $0{\sim}30$ V 的直流调谐电压，去控制高频头的 VT 管脚。

PWM 信号不仅提供调谐控制电压，同时还提供对比度调节、音量调节/伴音静音、色饱和度调节和亮度调节控制。

### 2.4.2   自动控制电路的测试

跟我测：自动控制电路的测试

在对自动控制电路进行测试之前，先对微处理器 CTV222S.PRC1.1C 的引脚功能作一下说明。微处理器 CTV222S.PRC1.1C 是飞利浦公司为彩电设计的专用微处理器，它带有屏幕显示和电压合成调谐的功能。其块内具有 8 KB 可编程只读存储器(ROM)、192 B 随机存取存储器(RAM)、多主 I²C 总线接口、18 个通用双向 I/O 口和 11 个功能组和 I/O 口,1个 14 位和 5 个 6 位 PWM 输出,电压合成调谐 AFC 输入和两行 16 字屏显能力。微处理器 CTV222S. PRC1. 1C 管脚分布如图 2-28 所示。

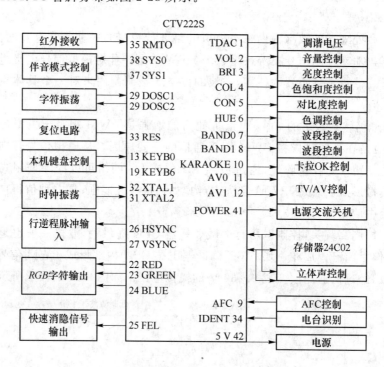

图 2-28　微处理器 CTV222S. PRC1. 1C 管脚分布

**1. 设备准备**

带有高频头各引脚引端及微处理器 CPU 相关 PWM 控制信号引出端的教学机或电视接收机,示波器一台,万用表一台,电视遥控器一个,射频天线若干。

下述测试内容针对电视教学机进行介绍,没有教学机的学校可以参照实验内容从电视机相应芯片的管脚引出进行测试。

**2. 测试步骤**

通过对 CTV222S 遥控控制芯片脉宽调制信号的测试,掌握自动搜索电台的原理,理解调谐电压控制过程。电视教学机遥控单元电路板及主要测试点位置如图 2-29 所示,示波器与外用表测试点如图 2-30 所示。

(1)将电视机置于自动搜索状态,调校好示波器,用示波器×1 的探头连接实验板的(PWM 信号)引出端 2TP1,测量脉冲的周期,观察脉宽变化时周期是否变化。画在图 2-31 中,并用文字进行叙述说明脉宽、频率变化情况。

(2)将电视机置于自动搜索状态,在用示波器观察波形的同时,用数字万用表测量 OSP4 点,观察不同波段电压的变化,填入表 2-7。

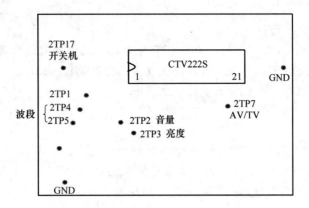

图 2-29   遥控单元电路板测试点示意图

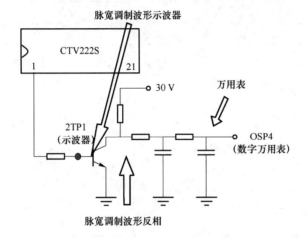

图 2-30   示波器与万用表测试位置示意图

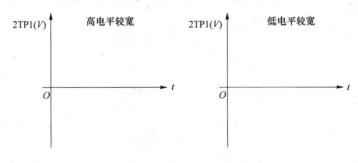

图 2-31   观测调谐电压 PWM 信号

**表 2-7   观察不同波段波形与电压的变化规律**

| 波段 | L 段 | | H 段 | | U 段 | |
|---|---|---|---|---|---|---|
| 万用表范围 | | | | | | |
| 记录波形变化与万用表显示之间的关系 | 示波器波形 | 电压 | 示波器波形 | 电压 | 示波器波形 | 电压 |
| | | | | | | |
| 观测结果 | | | | | | |

**小技巧：**

注意，在测量调谐电压 VT 时要注意把电视天线从高频头上拔下来，然后按遥控器上的自动调谐按钮或按±微调按钮，来观察示波器波形及万用表上的显示电压数值的变化情况。

（3）将电视机置于自动搜索状态，由于 VH 波段的电台比较多，观察 VH 波段波形的同时，用数字万用表测 OSP4 点电压，选三个电压值范围 0～8 V、10～18 V、18～30 V 对应的电台存储，并将相应示波器显示的 PWM 波形画在表 2-8 中。

表 2-8　在 VH 波段选不同位置的 3 个电台

| 自动搜索 | 开始值 | 中间值 | 结束值 |
|---|---|---|---|
| 存储台号 | 1 | 2 | 3 |
| 电压表值 | 0～8 V | 10～18 V | 18～30 V |
| 示波器波形 | | | |
| 频道名称 | | | |

（4）将电视机调出一个台，分别用示波器测试音量 2TP2、亮度 2TP3，按动"＋"、"－"，观察 2TP2、2TP3 波形并把测试到的波形画在图 2-32 相应的位置中。

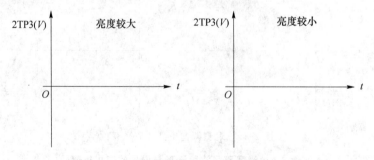

图 2-32　亮度控制 PWM 信号

（5）将电视机分别调到 L、H、U 段，在各段下用数字万用表测量波段控制 2TP4、2TP5 电压值并填入表 2-9 中。（注意，波段控制电压要分别测量 L、H、U 三个波段的电压值。）

（6）用遥控器控制电视机，使其在开、关状态及 TV/AV 状态，测量 2TP17、2TP7 的电压值并填入表 2-9 中。

表 2-9  开、关状态及 TV/AV 状态测试

| 引脚 | 测试端子 | 电压值 | 2TP4 | 2TP5 | 2TP17 | | 2TP7 | |
|------|----------|--------|------|------|-------|---|------|---|
| 电压值 | OSP3 | | L | L | 开 | 关 | TV | AV |
| | OSP2 | | H | H | | | | |
| | OSP1 | | U | U | | | | |

### 3. 测试验收

如果时间允许,教师最好对学生本次测试进行逐一检查,了解学生掌握仪器使用程度,了解学生对自动控制电路的理解,以及在测试过程中遇到的问题。

(1) 将测试数据整理,填入表 2-7、表 2-8 和表 2-9 中。

(2) 从表 2-7 分析观察不同波段 PWM 波形与电压的变化规律。

(3) 从表 2-8 分析观察同一波段 PWM 波形与电压的变化规律。

(4) 从表 2-9 分析波段控制、开关机及 TV/AV 控制过程。

**思考与练习**

1. 在电视机中自动控制电路的作用是什么?

2. 简述 PWM 技术。

3. 在 CTV222S. PRC1.1C 的引脚中哪些是利用 PWM 技术控制的管脚?

4. 电视机是如何实现自动搜索电台的?

# 项目 3　液晶电视信号处理电路调试

**项目简介**

从项目 3 开始,我们引入鸿岚液晶电视教学机对电视信号处理进行分析和测试。鸿岚液晶电视教学机是一款高清电视,显示的色彩数高达 16 777 216,是面向大中专学校开设电视课程而研制的液晶电视实验设备。它是由上广电 NEC 液晶显示有限公司生产的 19 英寸液晶显示屏和由重庆鸿岗科技有限公司研制的电视实验箱组成,如图 3-1 所示,该平台采用国际最新 LA6818-NT68565FG-NT68F633LQ 高清数字液晶平台方案,此方案将高频接收、视频解码、中央处理、数据格式变换、以及信号通道选择单元独立分开,模块化。在本项目中,我们在清楚理解彩色模型和彩色图像信号之后,将重点研究该方案的视频解码芯片 LA6818 和该教学机提供的不同电视接口。

图 3-1　鸿岚液晶电视教学机

本项目通过学习彩色的基本要素,理解三基色原理及相加混色规律,掌握标准彩条的三基色波形,掌握亮度方程,学习 Photoshop 软件应用,通过在计算机上配色,分析颜色失色故障,分析 *RGB*、*CMYK*、*HSB*、*Lab* 信号,掌握各种模型的原理及其应用领域。理解彩条信号 *RGB*、*R*−*Y*、*B*−*Y*、*G*−*Y*,了解彩条色度信号 $F_V$、$F_U$,掌握标准彩条全电视信号波形。通过视频解码芯片测试,理解解码芯片的功能,测试解码芯片各引脚的电压值,测试解码芯片关键点的信号波形。通过认识液晶电视外部接口的类型,了解液晶电视接口的组成,测试液晶电视各种接口,区别其作用,训练各种类型接口信号的连接方法。

## 学习目标

1. 能够运用三基色原理及相加混色规律,分析颜色失色故障。
2. 能够熟练使用数字示波器及电视信号发生器测试彩色全电视信号。
3. 能够使用数字示波器测试解码芯片关键点的电压和信号波形。
4. 能够正确连接液晶电视整机各种接口的传输线,测试接口信号,区别其性质。
5. 完成项目设计报告编写。

## 教学导航

教学导航介绍本项目的教学方法与学习方法,并分析项目中的重点与难点,供教师和学生参考。

**项目 3 教学导航**

| | | |
|---|---|---|
| 教学方法 | 知识重点、难点 | 重点:三基色原理、相加混色原理、彩色全电视信号、解码芯片功能、各种传输线。<br>难点:相加混色原理、各种传输线信号。 |
| | 操作重点、难点 | 重点:颜色模型的测试、彩色全电视信号的测试、解码芯片的测试、各种传输线信号的测试。<br>难点:彩色全电视信号的测试、解码芯片的测试、各种传输线信号的测试。 |
| | 建议教学方法 | 理论教学、动画演示、一体化(理论与实际操作结合)教学。 |
| | 建议学时 | 18 学时。 |
| 学习方法 | 建议学习方法 | 教师讲授与演示引导学生学习并理解;<br>利用 Photoshop 验证相加混色原理;<br>利用示波器、万用表测试解码芯片,理解解码芯片的工组原理;<br>利用示波器测试彩色全电视信号,分析 $R-Y$、$B-Y$、$G-Y$、$F_U$、$F_V$ 信号;<br>利用示波器测试各种传输线信号,理解不同传输线传输的内容。 |
| | 学习参考网站 | http://www.chinabjbsc.cn/product/norsat/<br>http://www.philips.com.cn/sites/philipscn_zh/about/news/press/article-14552.page<br>http://wenku.baidu.com/view/40bfd124ccbff121dd36831c.html<br>http://www.56.com/u77/v_NjE2Nzg4ODM.html<br>http://mall.cnki.net/magazine/Article/JTDZ200004083.htm<br>http://www.elecfans.com/video/base/2009073182290.html |
| | 理论学习 | 本项目 3.2.1 颜色的基本概念、3.3 彩色图像信号。 |
| 项目成果 | 编写项目报告书 | 包括项目计划书、颜色模型的测试、彩色全电视信号的测试、解码芯片的测试、不同电视接口的测试、项目总结报告、项目验收测试单等。 |

## 学 习 活 动

**项目3 学习活动**

| 学习任务 | 学习活动 | 学时 | 目的及要求 | 授课形式 | 作业 |
|---|---|---|---|---|---|
| 项目3<br>液晶电视<br>信号处理<br>电路调试 | 3.1 制定项目计划 | 1 | (1) 读懂并理解任务书中所描述的任务目标及要求。<br>(2) 制定工作计划,安排工作进度。 | 理论授课 | 计划书 |
| | 3.2 彩色模型的测试 | 3 | (1) 理解三基色原理,相加混色规律。<br>(2) 掌握标准彩条的三基色波形,掌握亮度方程。<br>(3) 学习 Photoshop 软件应用,通过在计算机上配色,分析颜色故障,分析 $RGB$、$CMYK$、$HSB$、$Lab$ 信号。<br>(4) 掌握各种模型的原理及其应用领域。 | 一体化课 | 调试报告 |
| | 3.3 彩色图像信号的测试 | 4 | (1) 理解彩条信号 $RGB$、$R-Y$、$B-Y$、$G-Y$。<br>(2) 了解彩条色度信号 $F_V$、$F_U$。<br>(3) 测试标准彩条全电视信号波形。<br>(4) 了解标准彩条矢量图。 | 一体化课 | 调试报告 |
| | 3.4 视频解码芯片测试 | 4 | (1) 理解解码芯片的功能。<br>(2) 测试解码芯片各引脚的电压值。<br>(3) 测试解码芯片各引脚的对地电阻值。<br>(4) 测试解码芯片关键点的信号波形。 | 一体化课 | 调试报告 |
| | 3.5 液晶电视接口测试 | 4 | (1) 了解液晶数字电视接口的组成。<br>(2) 连接液晶电视的不同接口线。<br>(3) 测试液晶电视各种接口波形。 | 一体化课 | 调试报告 |
| | 3.6 项目验收、答辩、提出改进建议 | 2 | (1) 能够分析各个芯片的功能,能对各个芯片进行测试,并依据测试结果做出判断。<br>(2) 能够区分各种接口,能正确连接接口并进行测试。<br>(3) 针对本人的项目成果,能正确回答问题,并能相互评价提出改进意见。 | 一体化课 | 项目报告 |

# 3.1　制定项目计划

本次教学活动采用讲授的方式,首先由教师介绍本项目内容,解读项目任务书,在介绍如何编写制定工作计划的过程中,让学生分组讨论,提出制定项目计划中的问题。

(1) 介绍学习方法,了解本课程内容。

(2) 了解本项目内容。

(3) 如何读懂项目任务书中所描述的任务目标及要求。

(4) 制定工作计划,安排工作进度。

### 3.1.1　情景引入

人们常说百闻不如一见,电视技术的发展更使得大家足不出户即可以欣赏五彩缤纷、色彩斑斓的世界风光景象,那么这么丰富的色彩是如何传输到电视机的呢? 在电视机内部是如何处理彩色电视信号的呢? 看看自家电视背板后面,会发现,哇,怎么这么多接口? 还有不同的颜色,你是不是很困惑这么多不同的接口都是用来做什么的?

通过项目 3 液晶电视信号处理电路调试的学习,使学生在理解射频信号之后,进一步加深理解彩色的基本概念,理解彩色图像信号,理解液晶电视解码芯片的功能,掌握不同电视接口的连接,并理解不同电视接口传输的信号。

> **小提示:**
>
> 学完本项目之后,再看自家电视时,你能很快判断出是否缺色以及缺什么颜色吗? 再看电视背板的若干接口,很简单吗? 个个在我心中,三下五除二即可以接好,同时设置好电视机正确显示相应接口传输的信号图像。

### 3.1.2　实施步骤

(1) 制定工作计划。

(2) 颜色模型的测试。

(3) 彩色图像信号的测试。

(4) 解码芯片的测试。

(5) 不同电视接口的测试。

(6) 对项目完成情况进行评价,项目完成过程提出问题及找出解决的方法,撰写项目总结报告。

根据以上项目实施步骤,制定项目任务书,供教师教学及学生学习参考。

### 项目任务书

教师指导学生学习项目任务书,了解项目的基本要求。

**项目 3 任务书**

| 课程名称 | | 项目编号 | 3 |
|---|---|---|---|
| 项目名称 | 液晶电视信号处理电路的调试 | 学　时 | 18(理论 1,一体化 17) |
| 目的 | 1. 能够运用三基色原理及相加混色规律,分析颜色失色故障。<br>2. 能够熟练使用数字示波器及电视信号发生器测试彩色全电视信号。<br>3. 能够使用数字示波器测试解码芯片关键点的信号波形。<br>4. 能够正确连接液晶电视整机各种接口的传输线,测试接口信号,区别其性质。<br>5. 完成项目设计报告编写,并进行答辩。 | | |
| 教学地点 | | 参考资料 | 项目指导书、教材、仪器手册等 |
| 教学设备 | 电视整机、电视教学机、示波器、扫频仪、电视信号发生器、电路板、工具包、电子元器件、视频传输线、射频传输线、Photoshop 软件、音视频软件。 | | |

**训练内容与要求**

**背景描述**

通过学习彩色的基本要素,理解三基色原理及相加混色规律,掌握标准彩条的三基色波形,掌握亮度方程,学习 Photoshop 软件应用,通过在计算机上配色,分析颜色失色故障,分析 $RGB$、$CMYK$、$HSB$、$Lab$ 信号,掌握各种模型的原理及其应用领域。理解彩条信号 $RGB$、$R-Y$、$B-Y$、$G-Y$,了解彩条色度信号 $F_V$、$F_U$,掌握标准彩条全电视信号波形,了解标准彩条矢量图。

通过视频解码芯片测试,理解解码芯片的功能,测试解码芯片各引脚的电压值,测试解码芯片关键点的信号波形。

通过认识液晶电视外部接口的类型,了解液晶数字电视接口的组成,测试液晶电视各种接口,区别其作用,训练各种类型接口信号的连接方法。

**内容要点**

3.1 明确任务,制定计划,安排进度

(1) 读懂并理解项目任务书中所描述的任务目标及要求。

(2) 制定工作计划,安排工作进度。

3.2 彩色模型的测试

(1) 理解三基色原理,相加混色规律。

(2) 掌握标准彩条的三基色波形,掌握亮度方程。

(3) 学习 Photoshop 软件应用,通过在计算机上配色,分析颜色故障,分析 $RGB$、$CMYK$、$HSB$、$Lab$ 信号。

(4) 掌握各种模型的原理及其应用领域。

3.3 彩色图像信号的测试

(1) 理解彩条信号 $RGB$、$R-Y$、$B-Y$、$G-Y$。

(2) 了解彩条色度信号 $F_V$、$F_U$。

(3) 测试标准彩条全电视信号波形。

(4) 了解标准彩条矢量图。

3.4 视频解码芯片测试

(1) 理解解码芯片的功能。

(2) 测试解码芯片各引脚的电压值。

(3) 测试解码芯片各引脚的对地电阻值。

(4) 测试解码芯片关键点的信号波形。

3.5 液晶电视各种接口的测试

(1) 了解液晶数字电视接口的组成

(2) 测试液晶电视各种接口

3.6 项目验收、答辩、提出改进建议

(1) 能够验证颜色模型。

(2) 能够测试彩色全电视信号。

(3) 能够测试解码芯片,并理解其工作原理。

(4) 能够区分各种接口,能正确连接接口并进行测试。

(5) 针对个人的项目成果,能正确回答问题,并能相互评价提出改进意见。

**注意事项**

(1) 人身及用电安全规范。

(2) 电子元件焊接工艺规范。

(3) 电子整机装配工艺规范。

(4) 电子测量仪器操作规范。

**评价标准**

**1. 良好**

① 能正确回答教师提出的相关问题。

② 能正确利用 Photoshop 软件测试,测试各种类型颜色模型,分析颜色失色故障。

③ 能正确使用数字示波器及电视信号发生器,测试彩条信号,分析其信号关系。

④ 能正确使用数字示波器对解码芯片进行测试,编写测试报告。

⑤ 能对液晶电视整机外部各种接口连接及测试。

⑥ 按时完成各种项目报告,报告内容充实。

**2. 优秀**

在达到良好的基础上,同时又具备以下条件。

① 理论问题回答准确、理解深刻、表述清晰、有独立的见解。

② 信号调试仪器使用熟练、测试结果通过快、参数指标高,能较熟练排除故障。

③ 项目报告内容有特色,能客观地进行自我评价、分析判断并论证各种信息。

**3. 合格**

① 能回答教师提出的部分相关问题。

② 能利用 Photoshop 软件测试,测试部分类型颜色模型,分析颜色失色故障。

③ 能使用数字示波器及电视信号发生器,测试部分彩条信号,分析其信号关系。

④ 能使用数字示波器对解码芯片进行部分测试,编写测试报告。

⑤ 能对液晶电视整机外部各种接口进行部分连接及测试。

⑥ 按时完成各种项目报告,报告内容基本合格。

**4. 不合格**

有下列情况之一者为不合格。

① 不会使用软件测试。

② 不会使用示波器及信号发生器测试。

③ 项目报告存在抄袭现象。

④ 未能按时递交项目报告

不合格者须重做。

# 3.2　颜色模型的测试

　　电视是视觉电子设备,是根据人眼的视觉特性,利用电信号的方式实现彩色图像的分解、变换、传送和再现的过程。所以在学习彩色电视信号之前,要对彩色基本要素、彩色光的合成以及三基色原理有所认识,以便更好地理解彩色全电视信号。

## 3.2.1　颜色的基本概念

跟我学:颜色的基本概念

　　在这个世界上,可见光谱遇到物体时,物体会吸收(或扣减)大部分光谱,它们没有吸收的部分会反射回我们的眼睛,这就是颜色。在图 3-2 中,红色的苹果、黄色的画笔。彩色图像表示其特性的三要素是:亮度、色调和色饱和度。

亮度(与黑白一样)是指光的明暗程度,即光线的强弱,与光功率有关。

色调是指光的颜色,即彩色的光谱成分不同的波长颜色不同,与光的波长有关。

色饱和度是指光的深浅程度,即掺入的白光越多,光越浅,色饱和度越低。

图 3-2　颜色形成示意图

**小疑问:**

图 3-2 中显示器上,光的颜色也是吸收之后的吗? 显示器上光的颜色不是反射来的,它们会直接进入我们的眼睛吗?

在电视课程中,首先要研究的是颜色如何表示,表示颜色的模型有很多,如用于显示设备的 RGB 模型,用于印刷的 CMYK 模型等。格拉斯曼颜色混合定律:外貌相同的颜色可以互相代替。能互相代替的颜色可通过颜色混配得到。

**1. 三基色原理和相加混色模型**

三基色原理指出三基色必须是相互独立产生,即其中任一种基色都不能由另外两种基色混合而得到。自然界中的大多数颜色,都可以用三基色按一定比例混合得到。三个基色的混合比例,决定了混合色的色调和饱和度。混合色的亮度等于构成该混合色的各个基色的亮度之和。绝大部分可见光谱可用红、绿和蓝(RGB)三色光按不同比例和强度的混合来表示,红(R)、绿(G)和蓝(B)被称为三基色。三基色相加混色模型如图 3-3 所示,在颜色重叠的位置,产生青色、品红和黄色。因为 RGB 颜色合成产生白色,它们也叫做加色。加色用于光照、视频和显示器。例如,显示器通过红、绿和蓝荧光粉发射光线产生彩色。

**2. 图像的 CMYK 颜色模型**

CMYK 模型以打印在纸张上油墨的光线吸收特性为基础,白光照射到半透明油墨上时,部分光谱被吸收,部分被反射回眼睛。理论上,青色(C)、洋红(M)和黄色(Y)色素能合成吸收所有颜色并产生黑色。由于这个原因,这些颜色叫做减色。因为所有打印油墨都会包含一些杂质,这三种油墨实际上产生一种土灰色,必须与黑色(K)油墨混合才能产生真正的黑色。将这些油墨混合产生颜色叫做四色印刷,其模型如图 3-4 所示。

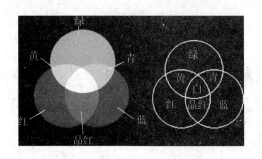

图 3-3　RGB 相加混色模型

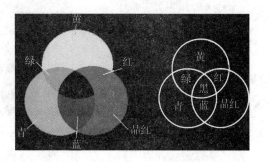

图 3-4　CMYK 混色模型

凡是两种色光相混合而成白光,这两种色光互为补色(Complementary Colors)。几种补色如下。

$$红、青＝红＋绿＋蓝$$
$$绿、品红＝绿＋红＋蓝$$
$$蓝、黄＝蓝＋红＋绿$$

互补色是彼此之间最不一样的颜色,这就是人眼能看到除了基色之外其他色的原因。

### 3. 图像的 HSB 颜色模型

基于人类对颜色的感觉,HSB 模型描述颜色的三个基本特征即彩色的三要素。

H——色相,是从物体反射或透过物体传播的颜色。在 $0°\sim360°$ 的标准色轮上,色相是按位置度量的。日常使用中,色相是由颜色名称标识的,如红、橙或绿色。

S——饱和度,是指颜色的强度或纯度。饱和度表示色相中彩色成分所占的比例,用从 0%(灰色)到 100%(完全饱和)的百分比来度量。在标准色轮上,从中心向边缘饱和度是递增的。

B——亮度,是颜色的相对明暗程度,通常用从 0%(黑)到 100%(白)的百分比来度量。其模型如图 3-5 所示。

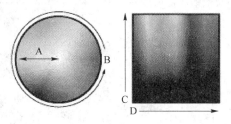

A. 饱和度　B. 色相　C. 亮度　D. 所有色相

图 3-5　HSB 颜色模型

### 4. 图像的 Lab 颜色模型

Lab 色彩模型是在 1931 年国际照明委员会(CIE)制定的颜色度量国际标准的基础上建立的。Lab 颜色设计与设备无关,不管使用什么设备(如显示器、打印机、计算机或扫描仪)创建或输出图像,这种颜色模型产生的颜色都保持一致。其中 L 为亮度,a 和 b 分别为各色差分量,两个分量即 a 分量(从绿到红)和 b 分量(从蓝到黄),其模型如图 3-6 所示。

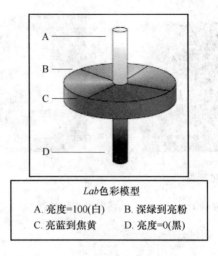

图 3-6　*Lab* 颜色模型

### 3.2.2　颜色模型的测试

跟我测：颜色模型的测试

**1.设备准备**

计算机和 Photoshop 软件

**2.测试步骤**

（1）打开计算机，单击"开始"菜单→"附件"→"画图"→"颜色"→"编辑颜色"，打开 Windows 画板的"编辑颜色"对话框，如图 3-7 所示。

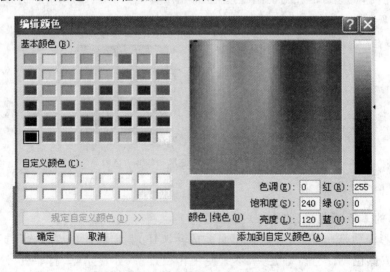

图 3-7　Windows 画板的"编辑颜色"对话框

（2）按照表 3-1 所示"基色"列数据，改变图 3-7 所示对话框中红、绿和蓝的数值，在表 3-1 中记录相应的色调、饱和度、亮度和颜色信息。

表 3-1　三基色相加验证表

| 基色 | 色调 | 饱和度 | 亮度 | 颜色 |
|---|---|---|---|---|
| $R=255,G=0,B=0$ | | | | |
| $G=255,R=0,B=0$ | | | | |
| $B=255,R=0,G=0$ | | | | |
| $R=255,G=255,B=0$ | | | | |
| $R=255,B=255,G=0$ | | | | |
| $B=255,G=255,R=0$ | | | | |

（3）打开 Photoshop 软件，单击前景颜色或背景颜色，调出如图 3-8 所示"拾色器"对话框所示颜色。

图 3-8　Photoshop"拾色器"对话框

（4）利用图 3-8 所示 Photoshop"拾色器"对话框，按照表 3-2"*RGB* 模型"列所示数据，进行 *RGB* 模型颜色合成，观察颜色合成情况，并作记录，完成表 3-2。

表 3-2　*RGB* 相加模型中数值确定时的颜色合成表

| RGB 模型 | | | HSB 模型 | | | Lab 模型 | | | CMYK 模型 | | | | 合成的 |
|---|---|---|---|---|---|---|---|---|---|---|---|---|---|
| $R$ | $G$ | $B$ | $H$ | $S$ | $B$ | $L$ | $a$ | $b$ | $C$ | $M$ | $Y$ | $K$ | 颜色 |
| 0 | 0 | 0 | | | | | | | | | | | |
| 0 | 0 | 255 | | | | | | | | | | | |
| 0 | 255 | 0 | | | | | | | | | | | |
| 0 | 255 | 255 | | | | | | | | | | | |
| 255 | 0 | 0 | | | | | | | | | | | |
| 255 | 0 | 255 | | | | | | | | | | | |
| 255 | 255 | 0 | | | | | | | | | | | |
| 255 | 255 | 255 | | | | | | | | | | | |
| 60 | 60 | 60 | | | | | | | | | | | |
| 160 | 160 | 160 | | | | | | | | | | | |

（5）利用图 3-8 所示 Photoshop "拾色器" 对话框，按照表 3-3 "相减混色" 列所示 *CMYK* 数值，在 Photoshop 中进行 *CMYK* 模型颜色合成，观察颜色合成情况，并作记录，完成表 3-3。

表 3-3  *CMYK* 模型中数值确定时的颜色合成表

| 相减混色 | | | | 合成的颜色 |
|---|---|---|---|---|
| *C* | *M* | *Y* | *K* | |
| 0 | 0 | 0 | 0 | |
| 0 | 0 | 100 | 0 | |
| 0 | 100 | 0 | 0 | |
| 0 | 100 | 100 | 0 | |
| 100 | 0 | 0 | 0 | |
| 100 | 0 | 100 | 0 | |
| 100 | 100 | 0 | 0 | |
| 100 | 100 | 100 | 0 | |

（6）利用图 3-8 所示 Photoshop "拾色器" 对话框，按照表 3-4 "混色" 列所示 Lab 数值，进行 Lab 模型颜色合成，观察颜色合成情况，并作记录，完成表 3-4。

（7）利用图 3-8 所示 Photoshop "拾色器" 对话框，按照表 3-5 "混色" 列所示各 *HSB* 数值，进行 *HSB* 模型颜色合成，观察颜色合成情况，并作记录，完成表 3-5。

表 3-4  *Lab* 模型中数值确定时的颜色合成表

| 混色 | | | 合成的颜色 |
|---|---|---|---|
| *L* | *a* | *b* | |
| 0 | 0 | 0 | |
| 100 | 0 | 0 | |
| 100 | 0 | 120 | |
| 100 | 120 | 0 | |

表 3-5  *HSB* 模型中数值确定时的颜色合成表

| 混色 | | | 合成的颜色 |
|---|---|---|---|
| *H* | *S* | *B* | |
| 0 | 0 | 0 | |
| 0 | 0 | 100 | |
| 60 | 100 | 100 | |
| 300 | 100 | 100 | |

**小疑问：**

前面我们借助 Windows 的画图板和 Photoshop 软件验证了三基色原理和各个颜色模型。那么利用 Photoshop 直接观察混色模型和分析缺色彩条图像，你会了吗？下面的分析能帮助解决这个问题。

**跟我学：利用Photoshop绘制相加混色模型并分析缺色彩条图像**

（1）相加混色模型的绘制

1）打开 Photoshop 软件，选择 "文件" → "新建"，在 "新建对话框" 中设置 "宽度" 项为 "2 000像素"，"高度" 项为 "2 000像素"，设置 "颜色模式" 为 "*RGB* 颜色"，设置 "背景内容" 为 "透明"，单击 "确定" 按钮。

2）选择"图层"→"新建图层"，在"新图层"对话框中设置"模式"为"差值"，单击"确定"按钮，按照此种操作连续新建 3 个图层。

3）选择"图层 1"，右击"工具"窗口中的"矩形工具"，选择下拉菜单中的"椭圆工具"，按住 Shift 键，在图层中拖动鼠标绘制大小合适的圆形。

4）在"颜色"窗口中，单击前景色，在出现的"拾色器"对话框中设置 $R=255,G=0,B=0$。

5）右击"工具"窗口中的"渐变工具"，选择下拉菜单中的"油漆桶工具"，喷涂步骤 3）中所画圆形。

6）选择"图层 2"，右击"工具"窗口中的"矩形工具"，选择下拉菜单中的"椭圆工具"，按住 Shift 键，在图层中拖动鼠标绘制大小合适的圆形。

7）在"颜色"窗口中，单击前景色，在出现的"拾色器"对话框中设置 $R=0,G=255,B=0$。

8）右击"工具"窗口中的"渐变工具"，选择下拉菜单中的"油漆桶工具"，喷涂步骤 6）中所画圆形。

9）选择"图层 3"，右击"工具"窗口中的"矩形工具"，选择下拉菜单中的"椭圆工具"，按住 Shift 键，在图层中拖动鼠标绘制大小合适的圆形。

10）在"颜色"窗口中，单击前景色，在出现的"拾色器"对话框中设置 $R=0,G=0,B=255$。

11）右击"工具"窗口中的"渐变工具"，选择下拉菜单中的"油漆桶工具"，喷涂步骤 9）中所画圆形。

12）选择"工具"栏中的"移动工具"，移动所绘制的红色圆形、蓝色圆形和绿色圆形，使 3 个圆形相交。

13）在"图层"菜单中，选择"合并可见图层"，将"图层 1"、"图层 2"和"图层 3"合并，得到相加混色颜色模型。如果需要输入文字，则选择"工具"栏中的"横排文字工具"，在图中合适位置输入文字。

14）选择"编辑"菜单中的"拷贝"项，复制所绘制的相加混色颜色模型，在合适位置选择"编辑"菜单中的"粘贴"项，选择"图像"菜单中的"调整"项，在下拉菜单中选择"反相"，得到相减混色颜色模型，如图 3-9 所示。

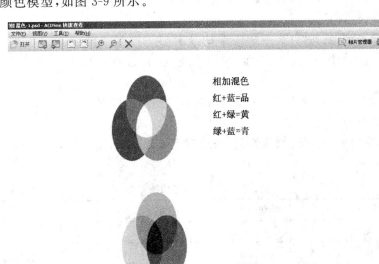

图 3-9　利用 Photoshop 得到的相加、相减混色模型

15）选择"文件"菜单中的"存储为"选项，在弹出的"存储为"对话框中，以"姓名＋颜色模型"命名文件。

（2）标准彩条绘制

1）按照上述绘制颜色模型的方法，分别建立 8 个图层，每个图层分别绘制白条、黄条、青条、绿条、品条、红条、蓝条和黑条。

2）选择"工具"栏中的"移动工具"，移动所绘制的彩条图像，得到如图 3-10 所示图像。

图 3-10　利用 Photoshop 绘制的标准彩条信号

3）在"图层"菜单中，选择"合并可见图层"，将"图层 1"～"图层 8"合并。

4）选择"文件"菜单中的"存储为"选项，在弹出的"存储为"对话框中，以"姓名＋标准彩条"命名文件。

5）将步骤 3）中所得到的标准彩条图像另存为"姓名＋缺色分析"。

（3）*RGB* 缺色观测

1）在 Potoshop 中，打开"姓名＋缺色分析"文件。

2）在"通道"窗口中，去掉"红"通道，观测显示的彩条图像并将对应的颜色记录在表 3-6 中。

3）在"通道"窗口中，将"红"通道恢复，去掉"绿"通道，观测显示的彩条图像并将对应的颜色记录在表 3-6 中。

4）在"通道"窗口中，将"绿"通道恢复，去掉"蓝"通道，观测显示的彩条图像并将对应的颜色记录在表 3-6 中。

表 3-6　缺色彩条记录表

| 标准彩条 | 白 | 黄 | 青 | 绿 | 品 | 红 | 蓝 | 黑 |
|---|---|---|---|---|---|---|---|---|
| 缺红 | | | | | | | | |
| 缺绿 | | | | | | | | |
| 缺蓝 | | | | | | | | |

### 3. 测试验收

如果时间充裕,教师最好对学生本次测试进行逐一检查,了解学生掌握 Photoshop 软件的程度,了解学生利用 Photoshop 软件对测试颜色模型及彩条信号测试的方法,以及在测试过程中遇到的问题。

(1) 将测试数据整理,填入表 3-1～表 3-6 中。

(2) 分析表 3-1 的数据,说明三基色相加混色规律。

(3) 分析表 3-2 的数据,了解 *RGB* 模型与 *CMYK* 模型、*HSB* 模型、*Lab* 模型之间的关系。

(4) 分析表 3-6 的颜色结果,利用相加混色规律分析缺色原因。

> **思考与练习**
>
> 1. 写出三基色相加混色规律。
>
> 2. 颜色模型主要有哪几个?
>
> 3. 根据 *RGB* 模型与 *CMYK* 模型验证表 3-2,总结 *RGB* 和 *CMYK* 模型的对照表。
>
> 4. 根据相加混色规律,分析表 3-6 缺红、缺绿和缺蓝时,彩条显示图是否正确。

# 3.3　彩色图像信号

彩色电视图像与黑白电视图像不同点在于,黑白图像只有亮度,彩色图像含亮度和色度。所以彩色图像信号是彩色电视信号重要的部分,掌握彩色电视图像信号,将为数字电视信号的学习打下基础。

彩色图像信号(PAL 制)的表达式为: $M=Y+F=Y+\sqrt{(R-Y)^2+(B+Y)^2}\sin(\omega_{sc}t\pm\phi)$ ,图像信号加上同步信号、消隐信号、色同步信号就可得到彩色全电视信号。本节以标准彩条信号为对象,分析彩色全电视信号的组成和波形等。

### 3.3.1　彩条亮度与色差信号

跟我学:**标准彩条的亮度和色差信号**

在 3.2 节中介绍过彩条的三基色信号,并借助 Photoshop 绘制了标准彩条信号,设"1"对应白电平,"0"对应黑电平,根据相加混色原理,8 条彩条对应三基色电平如下。

白: $R=G=B=1$ ;

黄(红+绿): $R=1,G=1,B=0$

青(绿+蓝): $R=0,G=1,B=1$

绿：$R=0,G=1,B=0$

品（红＋蓝）：$R=1,G=0,B=1$

红：$R=1,G=0,B=0$

蓝：$R=0,G=0,B=1$

黑：$R=0,G=0,B=0$

根据亮度方程 $Y=0.3R+0.59G+0.11B$，计算标准彩条信号的亮度与色差如下。

白：$Y=1$      $R-Y=1-1=0$

$B-Y=1-1=0$      $G-Y=1-1=0$

黄：$Y=0.3\times1+0.59\times1=0.89$    $R-Y=1-0.89=0.11$

$B-Y=0-0.89=-0.89$    $G-Y=1-0.89=0.11$

青：$Y=0.59\times1+0.11\times1=0.7$    $R-Y=0-0.70=-0.70$

$B-Y=1-0.70=0.30$    $G-Y=1-0.70=0.30$

绿：$Y=0.59$      $R-Y=0-0.59=-0.59$

$B-Y=0-0.59=-0.59$    $G-Y=1-0.59=0.41$

品：$Y=0.3\times1+0.11\times1=0.41$    $R-Y=1-0.41=0.59$

$B-Y=1-0.41=0.59$    $G-Y=0-0.41=-0.41$

红：$Y=0.3$      $R-Y=1-0.3=0.7$

$B-Y=0-0.3=-0.3$    $G-Y=0-0.3=-0.3$

蓝：$Y=0.11$      $R-Y=0-0.11=-0.11$

$B-Y=1-0.11=0.89$    $G-Y=0-0.11=-0.11$

黑：$Y=0$      $R-Y=0-0=0$

$B-Y=0-0=0$    $G-Y=0-0=0$

为了方便观察，将以上数据整理成表格，如表 3-7 所示。

表 3-7 100%幅度、100%饱和度彩条三基色、亮度、色差电平值

| 色别 | 白 | 黄 | 青 | 绿 | 品 | 红 | 蓝 | 黑 |
|---|---|---|---|---|---|---|---|---|
| $R$ | 1 | 1 | 0 | 0 | 1 | 1 | 0 | 0 |
| $G$ | 1 | 1 | 1 | 1 | 0 | 0 | 0 | 0 |
| $B$ | 1 | 0 | 1 | 0 | 1 | 0 | 1 | 0 |
| $Y$ | 1 | 0.89 | 0.70 | 0.59 | 0.41 | 0.30 | 0.11 | 0 |
| $R-Y$ | 0 | 0.11 | $-0.70$ | $-0.59$ | 0.59 | 0.70 | $-0.11$ | 0 |
| $B-Y$ | 0 | $-0.89$ | 0.30 | $-0.59$ | 0.59 | $-0.30$ | 0.89 | 0 |
| $G-Y$ | 0 | 0.11 | 0.30 | 0.41 | $-0.41$ | $-0.30$ | $-0.11$ | 0 |

根据表 3-7 所示数据，画出白、黄、青、绿、品、红、蓝、黑所对应的三基色信号、亮度信号、色差信号的波形图如图 3-11 所示。

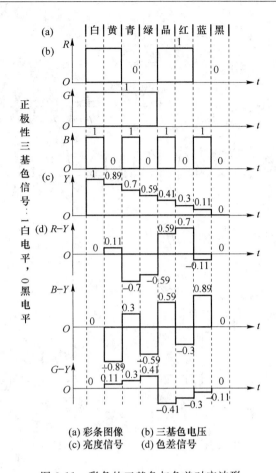

(a) 彩条图像　　(b) 三基色电压
(c) 亮度信号　　(d) 色差信号

图 3-11　彩条的三基色与色差对应波形

### 3.3.2　彩条已调色度信号

跟我学：彩条已调色度信号

彩色全电视信号的形成,关键是对色度信号的调制,下面分析标准彩条色度信号调制。

**1. 彩条已调色度信号波形**

色度信号是利用平衡调幅将 $R-Y$、$B-Y$ 调制到副载波 4.43 MHz 上的。对彩条已调色度信号波形的分析,首先要对平衡调幅波进行研究。

以正弦信号为调制信号的简单平衡调幅波如图 3-12 所示。

由图 3-12 可分析平衡调幅波形的特点:首先以调制信号 $u_\Omega$ 为上下包络,画出包络线,在填入载波 $u_c$,注意过零时载波 180°倒相。将这种方法,引入到彩条色度信号平衡调幅波的分析中,以彩条的红差 $R-Y$、蓝差 $B-Y$ 作为调制信号,画出红差 $R-Y$、蓝差 $B-Y$ 的上包络线,在对称画出下包络线,图 3-13 为彩条 $R-Y$ 的上下包络线。

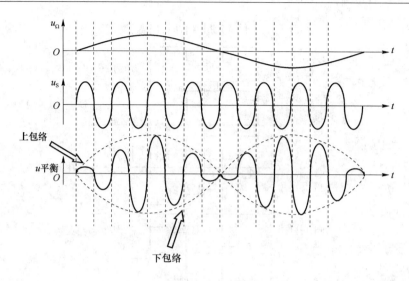

图 3-12   正弦波平衡调幅波

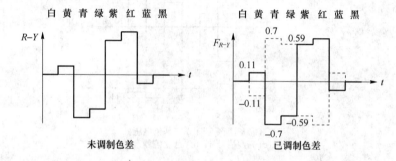

图 3-13   彩条 $R-Y$ 上下包络

填入副载波 $4.43\,\mathrm{MHz}$，平衡调制在副载波上，如图 3-14 所示，成为红色度和蓝色度信号。红色度信号：$F_{R-Y}=(R-Y)\cos\omega_{sc}t$；蓝色度信号：$F_{B-Y}=(B-Y)\sin\omega_{sc}t$。

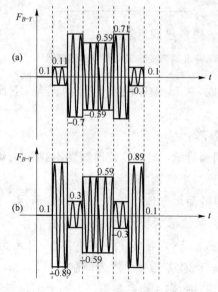

图 3-14   已调红色度和蓝色度信号

**2. 彩条已调色度信号数据**

色度 $F$ 幅度值：$F_m = \sqrt{(R-Y)^2 + (B-Y)^2}$，未压缩彩条信号数据如表 3-8 所示。

表 3-8　未压缩彩条信号数据

| 色别 | 白 | 黄 | 青 | 绿 | 品 | 红 | 蓝 | 黑 |
|------|-----|-------|-------|-------|-------|-------|-------|---|
| $Y$ | 1 | 0.89 | 0.70 | 0.59 | 0.41 | 0.30 | 0.11 | 0 |
| $R-Y$ | 0 | 0.11 | −0.70 | −0.59 | 0.59 | 0.70 | −0.11 | 0 |
| $B-Y$ | 0 | −0.89 | 0.30 | −0.59 | 0.59 | −0.30 | 0.89 | 0 |
| $G-Y$ | 0 | 0.11 | 0.30 | 0.41 | −0.41 | −0.30 | −0.11 | 0 |
| $F_m$ | | 0.9 | 0.76 | 0.86 | 0.83 | 0.76 | 0.9 | |
| $Y+F_m$ | 1 | 1.79 | 1.46 | 1.42 | 1.24 | 1.06 | 1.01 | 0 |
| $Y-F_m$ | 1 | −0.01 | −0.06 | −0.24 | −0.42 | −0.46 | −0.78 | 0 |

彩色图像幅值：$M_m = Y + F_m = 0.89 \pm 0.9 = -0.01 \sim 1.79$。将 $R-Y$、$B-Y$ 经过幅度压缩后的彩条已调波的数据如表 3-9 所示。

表 3-9　压缩彩条信号数据

| 色别 | 白 | 黄 | 青 | 绿 | 品 | 红 | 蓝 | 黑 |
|------|-----|--------|--------|--------|-------|--------|--------|---|
| $Y$ | 1 | 0.886 | 0.701 | 0.587 | 0.413 | 0.299 | 0.114 | 0 |
| $U$ | 0 | −0.437 | 0.147 | −0.289 | 0.289 | −0.147 | 0.437 | 0 |
| $V$ | 0 | 0.100 | −0.615 | −0.515 | 0.515 | 0.615 | −0.100 | 0 |
| $F_m$ | 0 | 0.448 | 0.632 | 0.591 | 0.591 | 0.632 | 0.448 | 0 |
| $\phi$ | — | 167° | 283° | 241° | 61° | 103° | 347° | 0 |
| $Y+F_m$ | 1 | 1.33 | 1.33 | 1.18 | 1.00 | 0.93 | 0.56 | — |
| $Y-F_m$ | 1 | 0.44 | 0.07 | 0.00 | −0.18 | −0.33 | −0.33 | 0 |

### 3.3.3　彩色全电视信号

将亮度 $Y$、色度 $F$、复合消隐、复合同步及色同步信号叠加在一起，组成彩色全电视信号，也称 FBAS 信号。如图 3-15 所示，(b)、(c)色度幅度未压缩，可以看出色度已比最高的同步头还要高，将来在放大器中会超出动态范围造成失真。将色度信号幅度压缩后，可以看出已在同步头之下，没有超出范围，如图 3-15(d)、(e)所示。

> **小提示：**
> 　　本节学习了很多种信号，有标准彩条的亮度和色差信号、已调色度信号和彩色全电视信号，你分清了吗？下面马上就要测试彩色全电视信号，测得的波形是否正确，本节内容是判断的理论依据。所以再回头仔细看看吧！这是一定要掌握的。

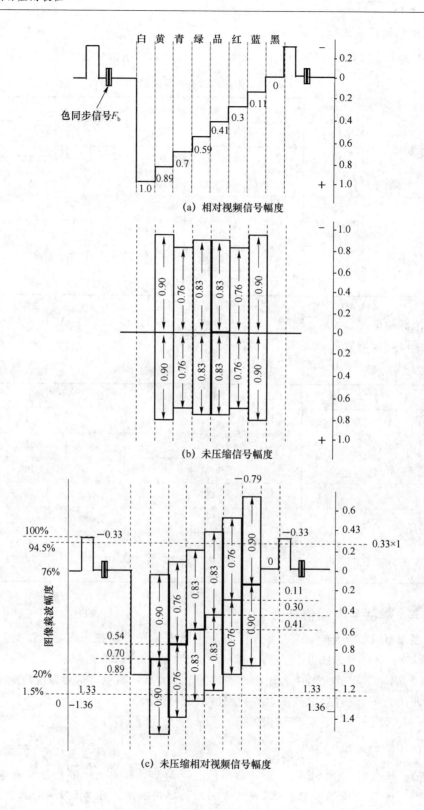

(a) 相对视频信号幅度

(b) 未压缩信号幅度

(c) 未压缩相对视频信号幅度

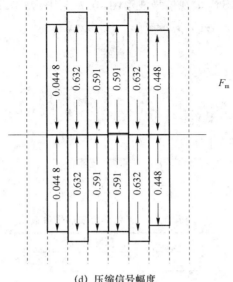

(d) 压缩信号幅度

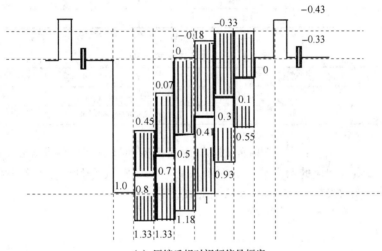

(e) 压缩后相对视频信号幅度

图 3-15　彩色全电视信号

### 3.3.4　彩色全电视信号测试

跟我测：彩色全电视信号

**1. 设备准备**

电视信号发生器、示波器、视频传输线。

**2. 测试步骤**

(1) 连接电视信号发生器和示波器。

(2) 设置电视信号发生器产生标准彩条信号,适当调节示波器使观测图形更清楚。在

119

图 3-16 中画出彩条 FBAS 全电视信号波形图,在表 3-10、表 3-11 中记录各种颜色的脉宽和幅度,测量彩色副载波周期,并计算频率。

图 3-16　彩色全电视信号

**表 3-10　彩色全电视信号参数**

| 信号名称 | 波形 | 脉宽 | 周期 | 频率 |
|---|---|---|---|---|
| 图像 |  |  |  |  |
| 行消隐 |  |  |  |  |
| 行同步 |  |  |  |  |
| 色同步 |  |  |  |  |

**表 3-11　彩条全电视信号测试**

| 颜色项目 | 白 | 黄 | 青 | 绿 | 品 | 红 | 蓝 | 黑 | 纯白 | 纯红 | 纯绿 | 纯蓝 |
|---|---|---|---|---|---|---|---|---|---|---|---|---|
| 幅度($V$) |  |  |  |  |  |  |  |  |  |  |  |  |
| 脉宽 |  |  |  |  |  |  |  |  |  |  |  |  |

(3) 选择电视信号发生器的"单色"按钮,使其产生纯红、纯绿、纯蓝、纯白的单色信号,适当调节示波器测试相应的信号波形。在图 3-17～图 3-20 中分别绘制纯红、纯绿、纯蓝、纯白的波形,并标出所有信号波形的幅度值和周期。

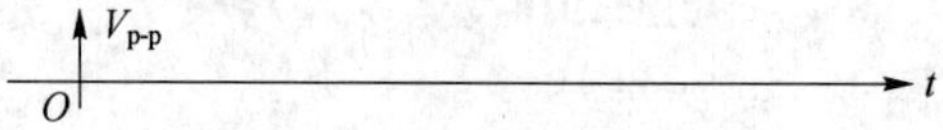

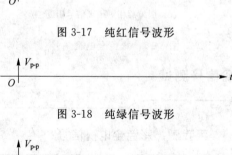

图 3-17　纯红信号波形

图 3-18　纯绿信号波形

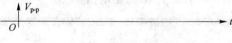

图 3-19　纯蓝信号波形

图 3-20　纯白信号波形

**3. 测试验收**

如果时间充裕,教师最好对学生本次测试进行逐一检查,了解学生利用电视信号发生器和示波器测试彩色全电视信号的能力,以及在测试过程中遇到的问题。

(1) 将测试波数据整理,填入表 3-10、表 3-11,在图 3-16～图 3-20 中画出波形。

(2) 分析表 3-10 的数据,说明彩色全电视信号各种参数及波形。

(3) 分析表 3-11 的数据,说明彩色全电视信号中彩条颜色分布。

(4) 分析图 3-16～图 3-20,说明彩色全电视信号中包含哪些单纯色。

> **思考与练习**
> 1. 计算彩条中三基色与色差的数据。
> 2. 色度信号采用何种调制方式。
> 3. 画出彩色全电视信号。
> 4. 为什么在彩色图像中没有绿差信号?
> 5. 彩色图像信号为什么选取色差信号?
> 6. 画出彩条与三基色关系波形。
> 7. $F_V$ 与 $F_{R-Y}$ 及 $F_U$ 与 $F_{B-Y}$ 的区别。
> 8. 说明彩色全电视信号与黑白全电视信号的区别。

# 3.4　LA76818 视频解码芯片

电视中的视频解码芯片是处理电视信号的核心,它在电视信号处理过程中起什么作用?如何判断它工作正常与否呢? 学完以下内容,就清楚了。

## 3.4.1　视频解码芯片 LA76818

跟我学：视频解码芯片**LA76818**

**1. LA76818 简介**

LA76818 是三洋公司研制的彩电专用多制式图像中频、伴音中频、视频处理、彩色解码及行、场扫描等小信号处理集成电路,如图 3-21 所示。采用高集成度主芯片与 I²C 总线调整功能,使外围电路更简化,调整方便;采用功能扩展接口,在不改变主板的情况下,通过增加功能板可以实现丽音、环绕音与 BBE 功能;由于 1H 延迟、多制式伴音滤波、陷波器与行振荡 VCO 内藏,因此彩色多制式解码只需一块芯片,电路简化、成本降低;采用黑电平延伸、噪声消除、灰度校正、 R/B 增益与解调度可调等措施,使图像和伴音质量更加完美;在伴音通道增加了切换开关,在色度通道增加了 ACC(自动色度控制)滤波,还能产生三个测试信号。在电视机内它将 Y、Cb、Cr 信号与滤波后的 38 MHz 中频信号进行分离,转化为 *RGB* 信号和行场同步信号输出。再到缩放及 D/A 变换 NT68565 进行相关的处理。

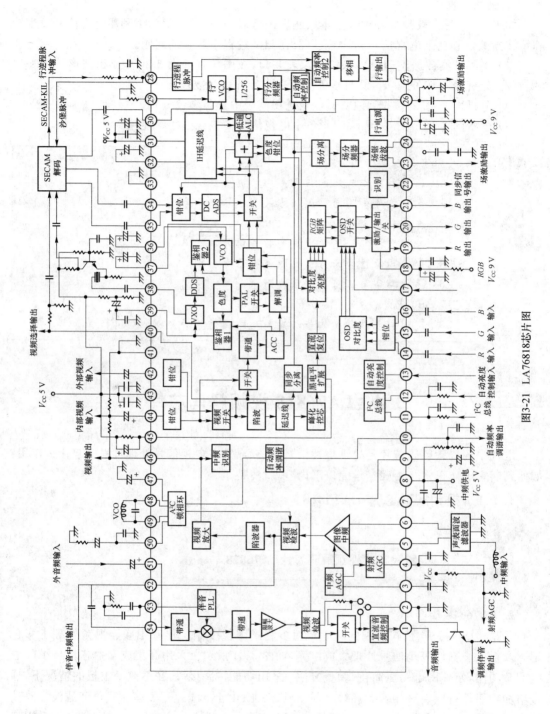

图3-21 LA76818芯片图

**小提示：**

LA76818 为一片集成式芯片（IC），就像大家在基础课中常用的 74 系列，要想知道芯片的具体功能，一定要清楚芯片的各个引脚，刚刚注意观察了 LA76818 有多少条引脚吗？没仔细看的同学，赶紧回头看一下吧，下面的引脚介绍也非常重要。

### 2. LA76818 引脚功能表

如图 3-21 所示，LA76818 共有 54 条引脚，引脚的具体功能如表 3-12 所示。

表 3-12　LA76818 引脚功能表

| 引脚序号 | 标号 | 功能 | 电压值/V | 对地阻值/kΩ | |
| --- | --- | --- | --- | --- | --- |
| | | | | 黑笔接地 | 红笔接地 |
| 1 | AUDIO | 伴音输出 | 2.2 | 10 | 10 |
| 2 | FM OUT | 伴音调频解调 | 2.2 | 11 | 13 |
| 3 | IF AGC | 中放 AGC 滤波 | 2.4 | 11.8 | 13.9 |
| 4 | RF AGC OUT | 高放 AGC 输出 | 2.2 | 11.2 | 32 |
| 5 | IF IN | 中频输入 | 2.8 | 11.2 | 12 |
| 6 | IF IN | 中频输入 | 2.8 | 11.2 | 12 |
| 7 | IF GND | 中频电路地 | 0 | 0 | 0 |
| 8 | VCC(VIF) | 图像中频供电 | 4.9 | 0.5 | 0.2 |
| 9 | FM FIL | 调频解调滤波 | 2.1 | 12 | 14 |
| 10 | AFT OUT | AFT 信号输出 | 2.2 | 8.5 | 13.5 |
| 11 | BUS DATA | 总线数据线 | 4.6 | 7 | 34 |
| 12 | BUS CLOCK | 总线时钟线 | 4.6 | 6 | 34 |
| 13 | ABL | 自动亮度限制输入 | 4 | 8.1 | 8 |
| 14 | R IN | 字符红信号输入 | 0.025 | 11 | 12.8 |
| 15 | G IN | 字符绿信号输入 | 0.025 | 11.5 | 12.8 |
| 16 | B IN | 字符蓝信号输入 | 0.02 | 3.4 | 2.8 |
| 17 | BL IN | 字符消隐信号输入 | 0 | 4 | 4.4 |
| 18 | VCC(RGB) | RGB 电路供电 | 7.9 | 0.8 | 400 |
| 19 | R OUT | 红信号输出 | 2.8 | 11.1 | 10 |
| 20 | G OUT | 绿信号输出 | 2.5 | 11.1 | 10 |
| 21 | B OUT | 蓝信号输出 | 2.6 | 11.1 | 10 |
| 22 | SYNC | 同步信号输出 | 0.5 | 8.2 | 13 |
| 23 | V OUT | 场激励信号输出 | 2.3 | 11 | 11.5 |
| 24 | V RAMP ALC FIL | 场信号形成滤波 | 2.9 | 12 | 13.2 |
| 25 | VCC(H/D) | 行场激励信号电路供电 | 5.1 | 0.8 | 0.4 |
| 26 | AFC FIL | AFC 滤波 | 2.65 | 12 | 13.5 |

| 引脚序号 | 符号 | 功能 | 电压值/V | 对地阻值/kΩ | |
|---|---|---|---|---|---|
| | | | | 黑笔接地 | 红笔接地 |
| 27 | H OUT | 行激励信号输出 | 0.6 | 2.9 | 2.2 |
| 28 | FBP IN | 反馈脉冲输入 | 1.1 | 11.5 | 12.2 |
| 29 | I REF | 行振荡参考输入 | 1.6 | 5.5 | 5 |
| 30 | CLOCK OUT | 行振荡信号输出 | 0.9 | 8.4 | 14 |
| 31 | 1 HDL VCC | 1 行延迟线供电 | 4 | 0.8 | 0.48 |
| 32 | 1 HDL VCC OUT | 1 行延迟线自举升压 | 7.55 | 0.79 | ∞ |
| 33 | GND | 1 行延迟/行电路地 | 0 | 0 | 0 |
| 34 | SECAM BY IN | SECAM 蓝色差输入 | 2.2 | 11.5 | 12 |
| 35 | SECAM RY IN | SECAM 红色差输入 | 2.2 | 11.5 | 12 |
| 36 | AFC2 FIL | 彩色 AFC2 滤波 | 3.1 | 12.5 | 13.2 |
| 37 | FSC OUT | SECAM 制使用 | 1.7 | 1.4 | 9.5 |
| 38 | XTAL | 晶振 | 2.75 | 12.3 | 13.2 |
| 39 | AFC1 FIL | 彩色 AFC1 滤波 | 3.5 | 12 | 13.9 |
| 40 | SELECT V. OUT | 视频信号选择输出 | 2.2 | 12 | 12.1 |
| 41 | GND(V/C/D) | 地 | 0 | 0 | 0 |
| 42 | EXT V. IN | 外部视频信号输入 | 2.5 | 12.3 | 14.5 |
| 43 | VCC(V/C/D) | 供电 | 4.9 | 0.55 | 0.2 |
| 44 | INT V. IN | 内部视频信号输入 | 2.6 | 12 | 13.6 |
| 45 | BLACK STR | 黑电平延伸滤波 | 3.8 | 12 | 13.8 |
| 46 | VIDEO OUT | 视频信号输出 | 2.1 | 2 | 1.5 |
| 47 | APC FIL | 38 MHz 解调 APC 滤波 | 3.1 | 12.2 | 13.2 |
| 48 | VCO COIL | 中频解调中周 | 4 | 1.2 | 0.7 |
| 49 | VCO COIL | 中频解调中周 | 4 | 1.1 | 0.8 |
| 50 | VCO FIL | 压控振荡器滤波 | 2.25 | 12.5 | 13 |
| 51 | EXT AUDIO | 外部音频信号输入 | 1.6 | 11.5 | 10.2 |
| 52 | SIF OUT | 伴音中频输出 | 1.8 | 11.5 | 14.7 |
| 53 | SIF APC FIL | 伴音解调 APC 滤波 | 2 | 12 | 13.2 |
| 54 | SIF IN | 伴音中频输入 | 3 | 12.5 | 13.9 |

**小提示：**

在清楚了各个引脚的功能之后,马上可以开始测试了,要求你测试 LA76818 的第 1 引脚的信号,能找到它的第 1 引脚吗? 找不到的同学仔细学习下面的内容。

**3. 芯片引脚认读方法**

常见芯片类型如图 3-22 所示,按照图中所标 1 引脚和典型标志如缺口、圆点、横杠、文字等的相对位置,首先判断 1 引脚的位置,然后按照逆时针方向顺次数下去,即可判断任意引脚的位置。

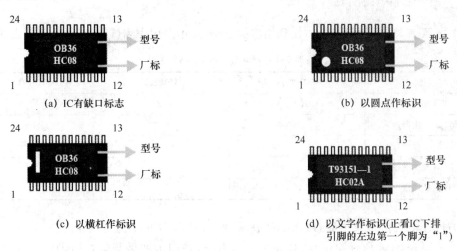

图 3-22 　 集成芯片引脚认读标示图

### 3.4.2 　 LA76818 的测试

**跟我测: LA76818 的关键点电压波形**

通过测试视频解码芯片 LA76818 的关键点电压值和关键点信号,学习 LA76818 芯片的使用。

在测试之前,首先介绍一下测 IC 引脚电压时需要注意的事项。

(1)万用表要有足够大的内阻,至少要大于被测电路电阻的 10 倍以上,以免造成较大的测量误差。

(2)通常把各电位器旋到中间位置,如果是电视机,信号源要采用标准彩条信号发生器。

(3)表笔或探头要采取防滑措施。因为任何瞬间短路都容易损坏 IC。

可取一段自行车用气门芯套在表笔尖上,并长出表笔尖约 0.5 mm,这既能使表笔尖良好地与被测试点接触,又能有效防止打滑,即使碰上邻近点也不会短路。

(4)当测得某一引脚电压与正常值不符时,应根据该引脚电压对 IC 正常工作有无重要影响以及其他引脚电压的相应变化进行分析,才能判断 IC 的好坏。

(5)若 IC 引脚电压正常,则一般认为 IC 正常;若 IC 部分引脚电压异常,则应从偏离正常值最多处入手,检查外围元件有无故障,若无故障,则 IC 很可能损坏。

(6)对于电视机,在有无信号时,IC 各引脚电压是不同的。 如发现引脚电压不该变化的反而变化大,该随信号大小和可调元件不同位置而变化的反而不变化,就可确定 IC 损坏。

**1. 设备准备**

鸿岚液晶电视教学机、电视信号发生器、万用表、数字示波器、测试线。

**2. 测试步骤**

（1）打开电视信号发生器，接入 AV 视频线、RF 射频线或 VGA 线，打开教学机，观看彩条出现。

（2）按照表 3-13 所标测试点，找到相应的引脚，并用万用表测试直流供电，填入表 3-13。

表 3-13　U0-LA76818A 供电

| 测试点 | U0(43) | U0(25) | U0(31) |
|---|---|---|---|
| 理论值 | VCD(+5 V) | +9 V | +5 V |
| 实测值(第一次测量) | | | |
| 实测值(第二次测量) | | | |
| 实测值(第三次测量) | | | |
| 实测值(平均值) | | | |

（3）打开电视信号发生器，接入 AV 视频线，打开教学机，观看彩条出现。

（4）按照表 3-14 所标测试点，找到相应的引脚，并用示波器测试各引脚信号，将波形绘制在表 3-14 中。

表 3-14　U0-LA76818A 信号

| 测试点 信号 | 波形 |
|---|---|
| U0(2) AUDIO-TV | |
| U2SAW(1) IFIN | |
| U0(11) 76818-SDA | |
| U0(12) 76818-SCL | |
| U0(23) V-OUT | |
| U0(27) H-OUT | |
| U0(19) R-OUT | |
| U0(20) G-OUT | |
| U0(21) B-OUT | |

**3. 测试验收**

如果时间充裕,教师最好对学生本次测试进行逐一检查,了解学生利用液晶电视教学机和示波器对视频解码芯片 LA76818A 的测试,以及在测试过程中遇到的问题。

1)将测试波数据整理,填入表 3-13、表 3-14 中。

2)分析表 3-13 的数据,说明视频解码芯片 LA76818 的供电电压。

3)分析表 3-14 的数据,说明视频信号 AUDIO-TV、行场扫描信号 V-OUT 和 H-OUT、三基色信号 R-OUT 、G-OUT、B-OUT。

> **思考与练习**
> 1. 简述 LA76818 解码芯片主要功能。
> 2. 简述测试 IC 芯片电压的注意事项。
> 3. 指出 LA76818 共有多少条引脚,并指出 RGB、行及场波形的管脚。

# 3.5　液晶电视接口测试

本小节介绍液晶电视外部的各种接口的形状及内部信号波形。

## 3.5.1　液晶电视接口简介

跟我学:液晶电视各种接口

鸿岚液晶电视教学机提供了多种信号接口,如图 3-23 所示。

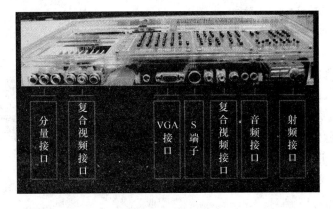

图 3-23　液晶电视各种接口

**1. 射频接口 RF(TV)**

射频接口 RF(TV)将如图 3-24 所示射频线传送来的射频电视信号接至高频头。

图 3-24　射频线

**2. 复合视频接口**

复合视频接口将如图 3-25 所示复合视频线传送来的复合视频信号接至电视机。

图 3-25　复合视频线

"复合"的含义是同一信道中传输亮度和色度信号的模拟信号。黄色插头：复合视频；红色插头：音频右声道；白色插头：音频左声道。

**3. S 端子(S-Video)**

S 端子接口将如图 3-26 所示 S 端子线传送来的亮度 Y,色度 C 信号接至电视机。

S 端子(S-Video)连接采用 Y/C(亮度/色度)分离式输出,使用四芯线传送信号,接口为 4 针接口。接口中,两针接地,另外两针分别传输亮度和色度信号。因为分别传送亮度和色度信号,S 端子效果要好于复合视频。不过 S 端子的抗干扰能力较弱,所以 S 端子线的长度最好不要超过 7 m。

S-Video 端子输出接口支持设备的最大显示分辨率为 1 024×768。目前市场上的 S 端子有三种：4 针、7 针和 9 针,其中 4

图 3-26　S 端子线

针和 7 针最常见。

4 针 S-Video 的引脚图如图 3-27 所示,各引脚定义如表 3-15 所示。

(a) 4 针 S-Video 母头　　　(b) 4 针 S-Video 公头

图 3-27　4 针 S 端子引脚图

**表 3-15　4 针 S 端子引脚定义**

| 针脚 | 名称 | 定义说明 |
|---|---|---|
| 1 | GND | Y 亮度地 |
| 2 | GND | C 色信号地 |
| 3 | Y | 亮度信号 |
| 4 | C | 色信号 |

7 针 S-Video 的引脚图如图 3-28 所示,各引脚定义如表 3-16 所示。

(a) 7 针 S-Video MINI 母头　　　(b) 7 针 S-Video MINI 公头

图 3-28　7 针 S 端子引脚图

**表 3-16　7 针 S 端子引脚定义**

| 针脚 | 名称 | 定义说明 |
|---|---|---|
| 1 | GND | 亮度地 |
| 2 | GND | 色彩地 |
| 3 | Y | 亮度信号 |
| 4 | C | 色信号 |
| 5 | — | — |
| 6 | V | 复合视频信号 |
| 7 | VGND | 复合地 |

**小提示:**

　　如果实验室配备的电视机的 S 端子接口是 9 针的,就自行查找 9 针 S 端子的引脚图以确定各个引脚,并查找引脚定义以确定哪个引脚传输亮度信号和色信号。

**4. 分量输入接口**

分量输入接口将如图 3-29 所示分量线传送来的亮度、红差、蓝差信号接至电视机。其

129

中绿线传送亮度信号,红线传送红差信号,蓝线传送蓝差信号。

图 3-29　分量线

### 5. VGA 接口

　　VGA 接口将如图 3-30 所示 VGA 线传送来的 *RGB* 三基色信号接至电视机。VGA 接口共有 15 针,分成 3 排,每排 5 个孔,是显卡上应用最为广泛的接口类型,绝大多数显卡都带有此种接口。使用 VGA 连接设备,线缆长度最好不要超过 10 m,而且要注意接头是否安装牢固,否则可能使图像中出现虚影。VGA 接口各引脚位置和引脚定义如图 3-31 所示。

图 3-30　VGA 线

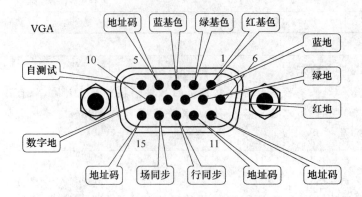

图 3-31　VGA 接口各引脚位置和引脚定义

小提示：

VGA 接口分公头和母头，图 3-31 所示为母头引脚位置和引脚定义，使用公头的话，要注意引脚位置是对着的，各引脚定义完全相同。

### 3.5.2　液晶电视接口连接

跟我练：液晶电视接口连接练习

通过前面的学习，你是否已经正确认识了各种传输线和接口呢？在实际连接之前，先"纸上谈谈兵"吧。

在图 3-32 中，先用笔画出液晶电视接口和传输线相连线。

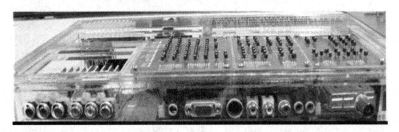

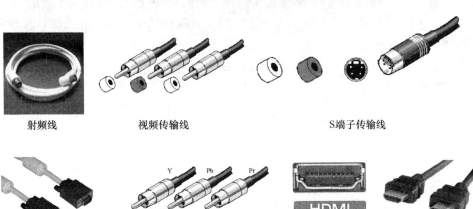

射频线　　　　　视频传输线　　　　　　　S端子传输线

VGA传输线　　　分量传输线

图 3-32　液晶电视接口和传输线相连线

### 3.5.3 液晶电视接口测试

跟我测：液晶电视各种接口波形测试

**1. 设备准备**

电视信号发生器、VGA 线、S 端子线、分量线、视频线、射频线、示波器。

**2. 测试步骤**

（1）复合视频线传输信号测试

1）设置电视信号发生器，置彩条，PAL 制。

2）使用示波器测试并在表 3-17 中记录复合视频线（AV 线）的视频信号。

注意：测试时，示波器的探头接触 AV 线黄色线的内芯，接地夹子与 AV 线外圈连接。

**表 3-17　AV 信号测试**

| 信号名称 | 信号波形 |
| --- | --- |
|  |  |

（2）S 端子线传输信号测试

1）设置电视信号发生器，置彩条，PAL 制。

2）使用示波器测试并在表 3-18 中记录 S 端子线的亮度、色差信号。

注意：测试时，示波器探头和接地夹子要分别和对应的亮度信号针和亮度信号地针，或者色度信号针和色度信号地针相连。

**表 3-18　S 端子信号测试**

| 信号名称 | 信号波形 |
| --- | --- |
|  |  |
|  |  |

（3）VGA 线传输信号测试

1）设置电视信号发生器，置彩条，置 $800 \times 600$。

2）使用示波器测试并在表 3-19 中记录 VGA 线的 $R$、$G$、$B$ 信号。

注意：测试时，示波器和 VGA 接口中的相应的 $R$、$G$、$B$ 信号针相连。

表 3-19　VGA 信号测试

| 信号名称 | 信号波形 |
| --- | --- |
|  |  |
|  |  |

（4）分量线传输信号测试

1）设置电视信号发生器，置彩条，置 480p。

2）使用示波器测试并在表 3-20 中记录分量线的 Y、Pb、Pr 信号。

注意：测试时，Y 信号为绿色分量线，Pb 信号为蓝色分量线，Pr 信号为红色分量线。示波器探头和接地夹子要分别和对应的信号针和地相连。

表 3-20　分量线传输信号测试

| 信号名称 | 信号波形 |
| --- | --- |
|  |  |
|  |  |

**3. 测试验收**

如果时间充裕，教师最好对学生本次测试进行逐一检查，了解学生利用液晶电视教学机和示波器对各种外部接口波形的测试，以及在测试过程中遇到的问题。

（1）将测试波数据整理，填入表 3-17～表 3-20 中。

（2）分析表 3-17 的波形，说明是什么信号。

（3）分析表 3-19 的三种波形，说明哪个是视频信号，哪个是行场扫描信号？

（4）对比分析表 3-17 与表 3-20 波形，说明视频信号与分量信号的区别。

**思考与练习**

1. 简述射频传输线 RF 信号内容。

2. 简述视频传输线 AV 信号内容。

3. 简述 S 端子传输线信号内容。

4. 简述分量传输线信号内容，并说明 YCrCb 与 YPrPb 的区别。

5. 简述 VGA 传输线信号内容。

6. 根据以上分析，比较 RF、AV、S 端子分量、YPrPb 四种信号的演变过程。

# 项目4 液晶电视开关电源调试与维修

## 项目简介

电源电路是液晶电视的重要组成部分,液晶电视一般采用开关电源,本项目通过鸿岚液晶电视开关电源的组成、工作原理的讲解以及开关电源的调试技能与维修技能训练,使读者具备开关电源调试与维修的基本技能。

## 学习目标

1. 能够分析开关电源的工作原理。
2. 能够正确测量开关电源的参数。
3. 能够对开关电源进行简单的调试与维修。
4. 完成项目设计报告编写。

## 教学导航

教学导航介绍本项目的教学方法与学习方法,并分析项目中的重点与难点,供教师和学生参考。

**项目4 教学导航**

| | | |
|---|---|---|
| 教学方法 | 知识重点、难点 | 重点:开关电源的组成及工作原理。<br>难点:开关电源的工作过程分析。 |
| | 操作重点、难点 | 重点:开关电源的测试方法。<br>难点:开关电源的维修。 |
| | 建议教学方法 | 理论教学、一体化(理论与实际操作结合)教学。 |
| | 建议学时 | 10学时。 |
| 学习方法 | 建议学习方法 | 通过教师讲授与演示,使学生掌握开关电源的工作原理、调试方法及维修方法。 |
| | 学习参考网站 | http://www.switch-power.net/开关电源网<br>http://www.91xiubbs.com/forum-121-1.html/液晶显示器维修论坛<br>http://tech.dianyuan.com/article-4-229.html/开关电源原理与设计 |
| | 理论学习 | 本项目4.2.1开关电源的组成、4.2.2开关电源的工作原理。 |
| 项目成果 | 编写项目报告书 | 包括项目计划书、开关电源的组成框图、开关电源的工作原理、开关电源的测试、项目总结及项目验收单。 |

### 学 习 活 动

**项目 4 学习活动**

| 学习任务 | 学习活动 | 学时 | 目的及要求 | 授课形式 | 作业 |
|---|---|---|---|---|---|
| 项目 4 液晶电视 开关电源 调试与 维修 | 4.1 制定项目计划 | 1 | (1) 读懂并理解任务书中所描述的任务目标及要求。<br>(2) 制定工作计划,安排工作进度。 | 理论授课 | 计划书 |
| | 4.2 液晶电视开关电源的组成和工作原理 | 3 | (1) 了解开关电源的组成。<br>(2) 掌握开关电源的基本工作原理。 | 理论授课 | 思考与练习 |
| | 4.3 开关电源的调试与维修 | 4 | (1) 掌握开关电源的调试方法。<br>(2) 掌握开关电源的维修方法。 | 一体化课 | 思考与练习 |
| | 4.4 SJ-04S01 逆变器电路原理与调试 | 3 | (1) 了解逆变器的工作原理。<br>(2) 掌握逆变器电路的调试方法。 | 理论和一体化授课 | 思考与练习 |

# 4.1   制定项目计划

本次教学活动采用理实一体的教学方式,首先由教师介绍本项目内容,解读项目任务书,在介绍如何编写制定工作计划的过程中,让学生分组讨论,提出制定项目计划中的问题。

(1) 介绍学习方法,了解本项目内容。

(2) 如何读懂项目任务书中所描述的任务目标及要求。

(3) 制定工作计划,安排工作进度。

## 4.1.1   情景引入

电源电路是液晶电视重要的电路组成部分,其主要作用是为液晶电视提供稳定的直流电压。电源电路对液晶电视的影响很大,如果性能不良,会造成电路工作不稳定、黑屏、图像异常等故障。由于电源电路工作电压高、电流大,极易出现故障,因此,理解电源电路的组成、工作过程和原理对调试及维修具有重要意义。

## 4.1.2   实施步骤

(1) 制定工作计划。

(2) 了解开关电源的组成。

(3) 学习开关电源的工作原理。

(4) 学习开关电源的测试方法。

(5) 学习开关电源的调试与维修方法。

(6) 学习逆变器的工作原理及调试方法。

(7) 对项目完成情况进行评价,项目完成过程提出问题及找出解决的方法,撰写项目总结报告。

根据以上项目实施步骤,制定项目任务书,供教师教学及学生学习参考。

# 项目任务书

**项目 4 任务书**

| 课程名称 | | 项目编号 | 4 |
|---|---|---|---|
| 项目名称 | **液晶电视开关电源的调试与维修** | 学　时 | 11(理论 5,一体化 6) |
| 目的 | 1. 能够分析液晶电视开关电源的工作原理。<br>2. 能够熟练使用万用表测试液晶电视开关电源的基本参数。<br>3. 能够对液晶电视开关电源进行调试与简单的维修。<br>4. 能够分析逆变器的工作原理并进行电路测试。<br>5. 完成项目设计报告编写。 | | |
| 教学地点 | | 参考资料 | 项目任务书、教材等 |
| 教学设备 | 液晶电视教学机、万用表、示波器等。 | | |

**训练内容与要求**

**背景描述**

通过学习开关电源的组成、工作原理,掌握开关电源的工作过程,掌握使用万用表测量开关电源的方法。

掌握开关电源的调试方法,并会使用仪表根据故障现象,对开关电源进行简单的维修。

**内容要点**

项目 4 液晶电视开关电源的调试与维修

4.1 明确任务,制定计划,安排进度

(1)介绍课程内容采用讲授的方式。

(2)解读项目任务书,介绍如何编写制定工作计划的过程中,让学生分组讨论。

(3)学生汇报讨论情况,并制定项目工作计划书。

4.2 开关电源的组成及工作原理

本活动使学生了解开关电源的组成,掌握液晶电视开关电源的工作原理。

(1)介绍开关电源的组成。

(2)分析液晶电视开关电源的工作原理。

4.3 液晶电视开关电源的调试与维修

本活动使学生掌握液晶电视开关电源的测量、调试及简单故障的维修。

(1)讲解开关电源的测量方法及注意事项,学生进行测试。

(2)讲解开关电源的调试方法,学生进行调试。

(3)讲解开关电源的维修方法,学生根据故障现象,进行简单的维修。

4.4 逆变器的原理与调试

本活动使学生掌握逆变器的工作原理与测试方法。

(1)讲解逆变器工作原理。

(2)对逆变器进行测试。

**注意事项**

(1)人身及用电安全规范。

(2)电子测量仪器操作规范。

**评价标准**

**1．良好**

① 能正确回答教师提出的相关理论问题。

② 能正确使用测量开关电源的技术参数。

③ 能正确识读开关电源的原理图，简述信号流程。

④ 能正确指出开关电源关键元件的位置，并说明作用。

⑤ 能根据故障现象准确找出故障元器件。

⑥ 按时完成各种项目报告，报告内容充实。

**2．优秀**

在达到良好的基础上，同时又具备以下条件。

① 理论问题回答准确，理解深刻，表述清晰，有独立的见解。

② 能较熟练排除故障。

③ 项目报告内容有特色，能客观地进行自我评价、分析判断并论证各种信息。

**3．合格**

① 能够回答部分理论问题。

③ 能够使用万用表进行调试。

④ 能指出部分电子整机内部重要器件的位置。

⑤ 按时完成项目设计报告，报告内容基本完整。

**4．不合格**

有下列情况之一者为不合格。

① 不会使用万用表。

② 不能认读电视整机内部任何器件。

③ 项目报告存在抄袭现象。

④ 未能按时递交项目报告。

不合格者须重做。

# 4.2　液晶电视开关电源的组成和工作原理

　　开关电源是一种电压转换电路，它将市电转换为所需的直流电压，广泛应用于现代电子产品。因为此种电源中的三极管总是工作在"开"、"关"的状态，所以称为开关电源。开关电源具有效率高、稳定性好、体积小等优点。

## 4.2.1　开关电源的组成

跟我学：开关电源的组成

　　开关电源分为串联型开关电源和并联型开关电源，液晶电视的开关电源电路采用的均是并联型开关电源，如图4-1所示。并联型开关电源包括启动电路、开关器件、脉冲调制电路、取样电路、基准电路和比较放大电路等。

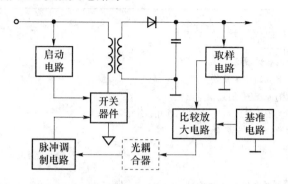

图 4-1　并联型开关电源示意图

图 4-2 为并联型开关电源的基本原理图。其中 VT 为开关管，T 为开关变压器，VD 为整流二极管，C 为滤波电容，R 为负载电阻。当激励脉冲为高电平时，VT 饱和导通，则 T 的初级绕组的磁能因 VT 的集电极电流逐渐升高而增加。由于次级绕组感应的电压的极性为上负、下正，所以整流管 VD 截止，电能便以磁能的形式储存在 T 中。在 VT 截止期间，T 各个绕组的脉冲电压反向，则次级绕组的电压变为上正、下负，整流管 VD 导通，T 储存的能量经 VD 整流向 C 与负载释放，产生了直流电压，为负载电路提供供电电压。

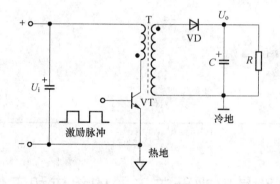

图 4-2　并联型开关电源基本原理图

并联型开关电源是反激式开关电源，即开关管导通期间，整流管 VD 截止；在开关管 VT 截止期间，整流管 VD 导通，向负载提供能量。所以，不但要求开关变压器 T 的电感量、滤波电容 C 的容量大，而且开关电源的内阻要大。

**小提示：**
　　除反激式开关电源外，还有正激式开关电源。正激式开关电源即开关管导通时，整流管也导通，向负载提供能量。它具有抗过载能力强、易于集成等优点。

### 4.2.2  开关电源的工作原理

跟我学：开关电源的工作原理

以鸿岚液晶电视教学机开关电源为例，分析介绍开关电源原理。

**1. PWM 控制器——SG6841**

（1）芯片功能

SG6841 是固定频率的 PWM 控制器，它的工作频率通过一个外接电阻来决定，改变电阻值可轻易改变频率。SG6841 是高性能固定频率绿色电源控制芯片，采用高压直接启动，从而简化了外围电路，它在待机时的功耗小于 1 W。其内部主要由振荡器、基准电压发生器、误差放大器、驱动电路、保护电路等构成开关电源，专为离线和 DC—DC（直流电压—直流电压）变换器应用而设计，如图 4-3 所示。它属于单端 PWM 调制器，具有管脚数量少、外围电路简单、安装调试简便、性能优良、价格低廉等优点，可精确地控制占空比，实现稳压输出，还拥有低待机功耗和众多保护功能。所以，只需最少的外部元件就能设计出成本效益高的方案，在实际中得到广泛的应用。

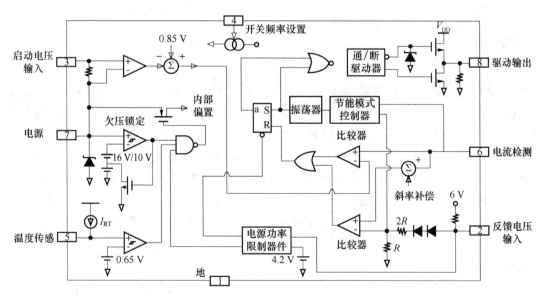

图 4-3  SG6841 内部框图

（2）性能特点

该芯片的性能特点是：在无负载和低负载时，PWM 的频率会线性降低进入待机模式以实现低功耗，同时提供稳定的输出电压。启动电流和正常工作电流减少到 30 $\mu$A 和 3 mA，因此可大大提高电源的转换效率。SG6841 是固定频率的 PWM 控制器，它的工作频率通过一个外接电阻来决定，改变电阻值可轻易改变频率。内建同步斜率补偿电路，可保证连续工作模式下电流回路的稳定性。内建电压补偿电路可在一个较大的 AC 输入范围内实

139

现功率限制控制,并提供过载、短路保护功能。此外,还设有低电压锁定(UVLO)功能,使工作更稳定、可靠。可通过外接一个负温度系数热敏电阻(NTCR)来传感环境温度以实现过温保护,也可利用该功能实现过压保护。(本机未用)具有图腾柱(即推拉输出电路)输出极,可实现良好的电磁干扰(EMI)。其最大输出电压钳位在 18 V。

(3)引脚功能

芯片的引脚功能如下。

① 脚:GND,接地。

② 脚:FB,反馈电压输入端。用于提供 PWM 调节信息,PWM 占空比就是由它控制。

③ 脚:Vin,启动电压输入端。SG6841 开始工作必须在该端要提供一个启动电压。

④ 脚:RI,开关频率设置端。通过连接一个电阻接地来为 SG6841 提供一个恒定的电流,改变电阻阻值将改变 PWM 的频率。

⑤ 脚:RT,温度传感输入端。该端接一个负温度系数电阻来传感温度,当该端电压下降到一定值时会启动过温保护。

⑥ 脚:Sense,电流检测端。当该端电压达到一个阈值时,芯片会停止输出,从而实现过流保护。

⑦ 脚:$V_{DD}$,电源供电端。

⑧ 脚:Gate,驱动脉冲输出端。

**2. 工作原理**

本机的开关电源如图 4-4 所示。

(1)进线滤波

电磁干扰滤波器亦称 EMI 滤波器,电网干扰噪声可分为两大类:一类是从电源进线引入的外界干扰,另一类是由电子设备产生并经电源线传导出去的干扰噪声。这表明它属于双向干扰信号,电子设备既是噪声干扰的对象,又是一个噪声源。若从形成特点看,噪声干扰分为差模干扰与共模干扰两种。差模干扰是两条电源线之间(简称线对线)的噪声,共模干扰则是两条电源线对大地(简称线对地)的噪声。因此,电磁干扰滤波器应符合电磁兼容性(EMC)的要求,也必须是双向射频滤波器,一方面要滤除从交流电源线上引入的外部电磁干扰,另一方面还能避免设备本身向外部发出噪声干扰,以免影响同一电磁环境下其他电子设备的正常工作。此外,电磁干扰滤波器应对差模、共模干扰都起到抑制作用。

开关电源中的开关晶体管的电流电压快速上升或下降,电感、电容的电流也迅速变化,这些都构成电磁干扰源。为了减少干扰信号通过电网影响其他电子设备的正常工作,同时为了减少干扰信号对本机音视频信号的影响,需要在交流进线侧加装进线滤波器。滤波器由电感和电容构成。

进线滤波电路如图 4-5 所示,电路中 $L_1$、$L_3$ 是共模扼流圈,在一个闭合高导磁率铁心上,绕制两个绕向相同的线圈。共模电流以相同方向同时流过两个线圈时,两线圈产生的磁通是相同方向的,有相互加强的作用,使每一线圈的共模阻抗提高,共模电流大大减弱,对共模干扰有很强的抑制作用。$C_{Y1}$、$C_{Y2}$ 是共模抑制电容,它们能滤除线对地之间的噪声。

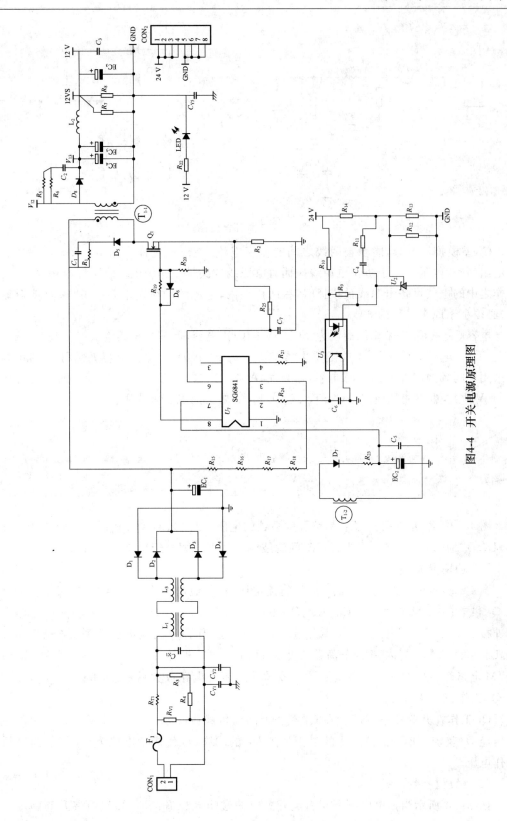

图4-4  开关电源原理图

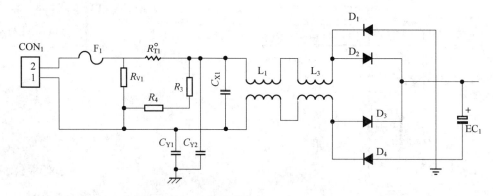

图 4-5　进线滤波电路

$C_{X1}$差模抑制电容,能滤去两线之间的差模电流,差模干扰抑制网络。$R_3$、$R_4$ 是 $R_{V1}$放电电阻(安全电阻),用于防止电源线拔插时电源线插头长时间带电。安全标准规定,当正在工作之中的电气设备电源线被拔掉时,在两秒钟内,电源线插头两端带电的电压(或对地电位)必须小于原来电压的 30%。

电容 $C_{Y1}$和 $C_{Y2}$一般采用耐压为 AC275V 的陶瓷电容,但其真正的直流耐压高达 4 000 V以上,因此,电容 $C_{Y1}$ 和 $C_{Y2}$ 不能随便用 AC250V 或 DC400V 之类的电容来代用。$C_{X1}$电容一般采用聚丙烯薄膜介质的无感电容,耐压为 AC250V 或 ACZ75V,但其真正的直流耐压达2 000 V以上,也不能随便用 AC250V 或 AC400V 之类的电容来代用。

**小知识:**

电容 $C_{X1}$、$C_{Y1}$ 和 $C_{Y2}$为安全电容,必须经过安全检测部门认证并标有安全认证标志。

图 4-5 中 $F_1$ 是保险丝,$R_{T1}$是负温度系数的电阻,是用来减少开机瞬间整流二极管 $D_1$、$D_2$、$D_3$、$D_4$ 通过的大电流,因为开机瞬间滤波电容器 $EC_1$ 相当于短路。

(2) 功率变换

图 4-4 所示市电经整流后的 300 V 直流电压,一路通过开关变压器 $T_{1-1}$初级绕组为开关管 $Q_1$ 供电;第二路通过 $R_{15}$、$R_{16}$、$R_{17}$、$R_{18}$ 加到 $U_7$（SG6841）③脚,通过③脚的内部电路对⑦脚外接的 $C_5$、$EC_2$ 充电,在 $EC_2$ 两端建立启动电压,当 $EC_2$ 两端电压达到 $U_7$ 的启动阈值后,$U_7$ 开始工作。它内部的振荡器产生的锯齿波脉冲电压作为触发信号,控制 $U_7$ 内部PWM 电路产生矩形开关管激励脉冲。该脉冲经驱动电路放大后从⑧脚输出。再通过 $R_{19}$使 $Q_1$ 工作在开关状态。

$Q_1$ 工作在开关状态后,$T_{1-1}$在 $Q_1$ 截止期间向负载释放能量。$T_{1-2}$次级绕组输出的脉冲电压经 $D_7$ 整流。$EC_2$ 滤波产生的电压加到 $U_7$ 的⑦脚,取代启动电路为 $U_7$ 提供启动后的工作电压。

(3) 稳压控制

如图 4-4 所示当市电电压升高引起开关电源输出电压升高时,$EC_3$ 两端升高的电压通过 $R_{13}$、$R_{14}$分压,经误差放大器 $U_2$ 放大后,送入光电耦合器 $U_3$,经光电耦合器隔离放大并转换电流信号,加至控制 $U_7$ 的⑦脚,调节输出驱动脉冲宽度、实现稳压。

稳压过程如下:设输出电压升高,经 $R_{14}$、$R_{13}$ 分压后,在 $R_{13}$ 上电压升高,误差放大器 $U_2$ 的输出电流增加,光耦中的发光管因导通电流增大而发光加强,光耦内的光敏管因受光加强而导通加强,通过 $R_{24}$ 使 $U_7$ 的②脚电位升高,经 $U_7$ 内的误差放大器放大,再经 RS 触发器等电路处理后,$U_7$⑧脚输出的激励脉冲的占空比减小,$Q_1$ 导通时间缩短,开关电源输出的电压下降到正常值,实现稳压控制。

(4)保护

1)欠压保护

如图 4-4 所示,若启动电路异常使 $Q_1$ 启动期间输入的电压低于 16 V 时,$Q_1$ 不能启动;启动后,若 $D_7$、$EC_2$、$C_5$ 组成的自馈供电电路异常,不能为 $Q_1$ 提供 10 V 以上的工作电压,$Q_1$ 停止工作,从而避免供电电压低,给开关管等元件带来的危害。

2)开关管过流保护

如图 4-4 所示,当 $Q_1$ 因负载短路等原因过流在 $R_2$ 两端产生的电压达到 0.85 V 后,$U_7$ ⑥脚内的过流保护电路开始动作,$U_7$ 的⑧脚不再输出激励脉冲,使 $Q_1$ 截止,避免 $Q_1$ 过流损坏,实现开关管过流保护。

> **思考与练习**
> 1. 并联型开关电源由哪几部分组成?
> 2. 简述图 4-2 的工作原理。
> 3. 进线滤波电路的作用是什么?
> 4. 图 4-4 所示的开关电源,当输出电压下降时,电路是如何实现稳压控制的?

# 4.3　开关电源的调试与维修

目前液晶电视一般都采用脉宽调制式开关电源,工作原理大同小异,所以在调试与故障检修时,只要深入理解一种开关电源的工作原理和各组成部分的特点、功能,了解其如何启动,如何控制输出,如何进行过压、过流保护等,就能达到举一反三的效果,提高调试与维修的技能。

## 4.3.1　开关电源的调试

跟我测:开关电源的调试

通过开关电源的测试,深化开关电源的稳压原理,掌握开关电源的检测方法。

**1. 设备准备**

(1)电视实验箱。

（2）示波器、万用表。

**2. 测试步骤**

（1）用万用表测量交流输入电压，控制芯片 $U_7$ 的⑦脚工作电压，填入表 4-1。

表 4-1　电压测量

| 交流输入电压/V | 整流滤波后的直流电压/V | $U_7$ 的⑦脚工作电压/V |
| --- | --- | --- |
|  |  |  |

（2）用示波器分别在变压器 $T_{1-1}$、$T_{1-2}$ 两个端钮上测量空载、满载及交流输入电压为 110 V 时的电压占空比，填入表 4-2。

表 4-2　波形和占空比测量

| | $T_{1-1}$ | | | $T_{1-2}$ | | |
| --- | --- | --- | --- | --- | --- | --- |
| | 空载 | 满载 | 交流输入 110 V | 空载 | 满载 | 交流输入 110 V |
| 波形 | | | | | | |
| 占空比 | | | | | | |

（3）将示波器接于 $U_7$ 的②脚（光耦输出），测量交流输入电压为 110 V 和 220 V 时的电压和频率，填入表 4-3。

表 4-3　电压和频率测量

| $U_7$ 的②脚 | 交流输入 110 V 时 | 交流输入 220 V 时 |
| --- | --- | --- |
| 波形 | | |
| 电压 | | |
| 频率 | | |

小疑问：

（1）当输入电压为交流 110 V 和 220 V 时，为什么光耦的输出引脚电压（即 $U_7$ 的②脚）变化并不大？

（2）如何计算开关电源空载和满载时的占空比？

**3. 测试验收**

教师对学生本次测试进行逐一检查，了解学生对仪器使用的掌握程度，了解学生对开关电源的理解，以及在测试过程中遇到的问题。

（1）整理测试波形及数据，填入表 4-1、表 4-2 和表 4-3 中。

（2）测试过程中遇到哪些问题？如何解决这些问题？

（3）使用示波器时应注意哪些问题？

### 4.3.2　开关电源的维修

跟我修：开关电源的维修

**1. 电源不起振**

电源不起振，输出电压为 0 V，且 SG6841 各脚电压均无波动现象。电源启动必须满足三个条件，一是 $EC_1$ 上要有 300 V 电压；二是 SG6841 的⑦脚要有 16 V 启动电压；三是 SG6841 的④脚电压必须明显高于 1 V。

可先测 $EC_1$ 上的电压，若为 0 V，说明交流进线中有断路现象。若 $EC_1$ 上的电压正常，则测 SG6841 的③脚电压，若③脚电压为 0 V，检查 $R_{15}$、$R_{16}$、$R_{17}$ 和 $R_{18}$ 是否开路。若③脚电压正常（17～20 V），则检查⑦脚电压。若⑦脚电压为 0 V，应检查⑦脚外部元件（$EC_2$、$C_5$、$D_7$）有无击穿现象。若无击穿现象，说明 SG6841 损坏。若⑦脚电压低于 16 V，说明启动电压太低，应检查⑦脚外部元件（$EC_2$、$C_5$）有无漏电现象。若无漏电现象，说明 SG6841 损坏。若⑦脚电压在 16 V 以上，则检查④脚电压。若④脚电压在 1 V 以上，说明 SG6841 内部电路有问题；若④脚电压低于 1 V，应检查④脚外部元件。

**2. 输出电压波动**

出现这种现象，说明保护电路动作。此时，除了输出电压波动外，SG6841 的大部分引脚电压也波动。检修这种故障时，应先判断是何种保护电路动作，判断方法如下。

（1）如断开 $L_2$ 后，输出电压不再波动，说明 12 V 电源有过流现象，应对 12 V 负载进行检查。

（2）检查 TL431 有无损坏。

（3）检查 $R_{13}$、$R_{14}$ 的阻值是否发生变化。

# 4.4 SJ-04S01 逆变器电路原理与调试

小尺寸屏的逆变器又称高压条或高压板，其工作电压较高，大约是 730 V。SJ-04S01 高压条在 22 英寸以下屏用得较多，负载是 4 只 CCFL（冷阴极日光灯管），2 个变压器的初级接成推挽式供电，次级接成平衡式，每端接一个灯管，这样可省去两个变压器，有利于降低产品成本。控制集成电路是 TL494，它本来是小功率开关电源控制芯片，对输出电压进行 PWM 调节，但它输出的驱动电流较小，经功率放大后再去驱动功率开关管。

## 4.4.1 逆变器 04S01 电性能

① 输入电压：$V_{in} = 12.0$ V；

② 输入电流 $I_{in}$：当 $V_{in} = 12$ V，$V_{adj} = 0$ V（4 只灯）时，为 1.80 A；

③ 输入功率 $P_{in}$：当 $V_{in} = 12$ V，$V_{adj} = 0$ V（4 只灯）时，为 23 W；

④ 背光源开关控制：$V_{on}$ 开，最小值 2.4 V；$V_{off}$ 关，最大值 0.7 V；

⑤ 亮度调节 $V_{adj}$：最亮 0 V（Max），最暗 5 V（Min）；

⑥ 输出电压 $V_{out}$：当 $V_{in} = 12$ V，$I_{out} = 7.7$ mA（1 只灯）时，为 640 V；

⑦ $F_{req}$（开灯时）：输出频率为 50 kHz；

⑧ 开灯电压 $V_{open}$：当无负载时，$V_{in} = 12$ V，$T_a = 0$ ℃时，为 1 300～1 720 Vrms；

⑨ 启动时间 $T_{scp}$：当无负载时，$V_{in} = 12$ V，$V_{adj} = 0$ ℃时，为 1.2 s；

⑩ 效率 $\eta$：当 $V_{in} = 12$ V，Load $= 80$ kΩ 时，为 87%。

## 4.4.2 脉宽调制控制集成电路

跟我学：脉宽调制电路

TL494 是一种固定频率脉宽调制电路，它包含了开关电源控制所需的全部功能，广泛应用于单端正激双管式、半桥式、全桥式开关电源，其主要特性如下。

**1. 主要特性**

此芯片集成了全部的脉宽调制电路。芯片内置线性锯齿波振荡器，外置振荡元件仅两个（一个电阻和一个电容）。内置误差放大器和 5 V 参考基准电压源。可调整死区时间。内置功率晶体管可提供 500 mA 的驱动能力。

### 2. 工作原理

TL494 是一个固定频率的脉冲宽度调制电路,内置了线性锯齿波振荡器,振荡频率可通过外部的一个电阻和一个电容进行调节,其振荡频率是:

$$f_{osc} = \frac{1.1}{R_T C_T}$$

输出脉冲的宽度是通过电容 $C_T$ 上的正极性锯齿波电压与另外两个控制信号进行比较来实现。

TL494 的内部框图如图 4-6 所示。控制信号由集成电路外部输入,一路送至死区时间比较器,另一路送往误差放大器的输入端。死区时间比较器具有 120 mV 的输入补偿电压,它限制了最小输出死区时间约等于锯齿波周期的 4%,当输出端接地,最大输出占空比为 96%,而输出端接参考电平时,占空比为 48%。当把死区时间控制输入端接上固定的电压(范围在 0~3.3 V 之间)即能在输出脉冲上产生附加的死区时间。

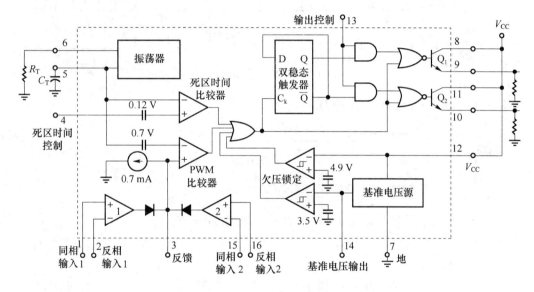

图 4-6    TL494 框图

脉冲宽度调制比较器为误差放大器调节输出脉宽提供了一个手段。当反馈电压从 0.5 V 变化到 3.5 V 时,输出的脉冲宽度从被死区确定的最大导通百分比时间中下降到零。两个误差放大器具有从 −0.3 V 到(Vcc−0.2)的共模输入范围,这可能从电源的输出电压和电流察觉得到。误差放大器的输出端常处于高电平,它与脉冲宽度调制器的反相输入端进行"或"运算,正是这种电路结构,放大器只需最小的输出即可支配控制回路。

当电容器 $C_T$ 放电时,一个正脉冲出现在死区比较器的输出端,受脉冲约束的双稳触发器进行计时,同时停止输出管 $Q_1$ 和 $Q_2$ 的工作。若输出控制端连接到参考电压源,那么调制脉冲交替输出至两个输出晶体管,输出频率等于脉冲振荡器的一半。如果工作于单端状态,且最大占空比小于 50% 时,输出驱动信号分别从晶体管 $Q_1$ 或 $Q_2$ 取得。输出变压器一个反馈绕组及二极管提供反馈电压。在单端工作模式下,当需要更高的驱动电流输出,也可将 $Q_1$ 和 $Q_2$ 并联使用,这时,需将输出模式控制脚接地以关闭双稳触发器。这种状态下,输出的脉冲频率将等于振荡器的频率。TL494 的时序关系如图 4-7 所示。

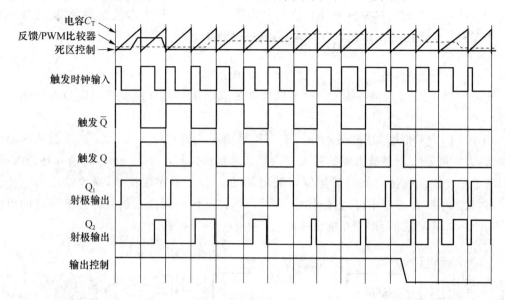

图 4-7 时序关系图

### 4.4.3 逆变器电路工作原理

跟我学：逆变器电路工作原理

逆变器的电路原理图如图 4-8 所示。其工作原理如下。

（1）芯片电源是受背光灯开关信号 ON/OFF 控制，当来 ON 信号（高电平）时，$Q_1$、$Q_2$ 导通，控制 TL494 工作。

（2）开关电路中两个升压变压器是接成并联推挽形式，MOS 管 $Q_3$ 与 $Q_5$ 并联，$Q_4$ 与 $Q_6$ 并联，其导通受控制 TL494 的⑨脚与⑩脚输出的驱动脉冲，分别经 $Q_8$、$Q_7$、$Q_9$、$Q_{10}$ 功放后驱动。升压变压器的次级是平衡输出，每端分别接一个灯管。

（3）亮度调整（$V_{adj}$）：电视驱动板来的调整信号，经插座 $CN_1$、送至芯片内运放 1 的同相输入端，实行负调光（最亮 0 V、最暗 5 V）。该脚同时还加有从背光灯电流取样电阻 $R_{17}$、$R_{18}$、$R_{19}$、$R_{20}$ 上来的电压，在此电阻上的电压降反映了背光灯的工作电流（即亮度）。此电压经 $D_2$、$D_3$ 混合后加到 $U_7$ 的②脚（同相输入端）通过芯片内部处理，改变输出脉冲宽度，从而稳定背光灯亮度，使其不随电源电压的波动而波动。

（4）保护电路：保护电路的取样来自于灯管串联的电阻 $R_{17}$、$R_{18}$、$R_{19}$、$R_{20}$。

点灯保护，也称灯不亮保护。若有任一灯不亮，则对应取样电阻上压降为零，对应的场效应管 $Q_{11}$、$Q_{12}$、$Q_{13}$、$Q_{14}$ 关断，使 $U_7$ 的⑯脚电平升高（正常时所有场效应管导通为地电平），经 $U_1$ 内部处理，将关断输出。开机时灯亮一下，即熄灭，就是此原因。

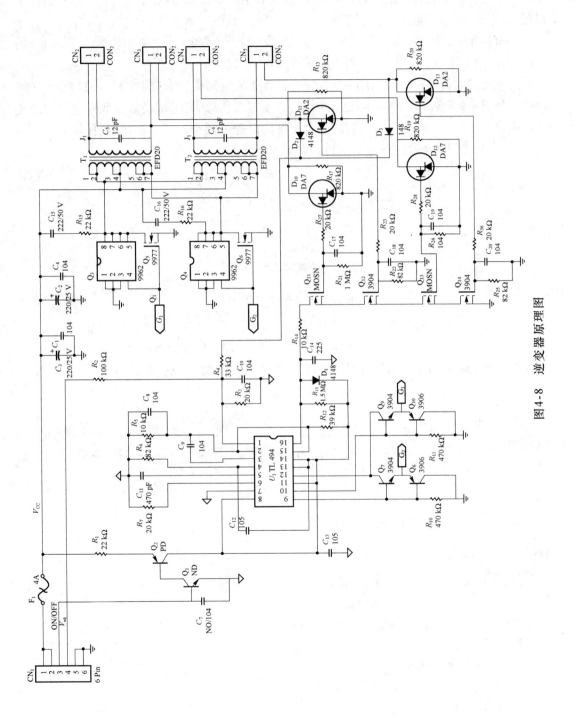

图 4-8 逆变器原理图

必须说明的是当升压变压器匝间短路，或因其他原因损坏时，由于点灯电压达不到要求值，灯也不能被点亮，也产生灯不亮保护现象。

灯短路保护：此时在取样电阻上的电压将大大高于正常值（正常是 5 V 左右）送入 $U_1$ 的①脚，将使内部运放状态翻转，从而中断驱动输出，实现保护。

这里要说明是，过流保护输出只有两路，是什么原因仍能对 4 只灯中任一只灯进行短路保护。如图 4-9 所示，2 只灯一端是对称连接到变压器次级，另一端是通过取样电阻接地连接到一起的，只要其中任一只灯短路，大电流将同时通过两个取样电阻，因此任取一个电阻上的电压，就能对两个灯进行短路保护。

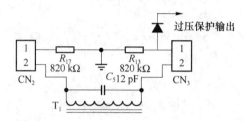

图 4-9　过压保护电路的取样

（5）点灯电压对于背光灯，大约比正常电压要高一倍，如本机正常工作电压是 700 V，而点灯电压要 1 400 V。这是利用并联谐振原理实现的，即升压变压器的漏感、电路电容、灯的等效电容和电阻共同组成了并联谐振电路，当灯点亮后因灯的阻抗变化，就不谐振了，电压下降。

**小疑问：**
　　点灯电压对于背光灯，大约比正常电压要高一倍，如本机正常工作的电压是 700 V，而点灯电压要 1 400 V。

### 4.4.4　逆变器的调试

跟我测：逆变器的测试

通过逆变器的测试，掌握逆变器的工作原理，掌握控制保护电路的作用。

**1. 设备准备**

（1）液晶电视实验箱

（2）示波器、万用表（耐高压 2 kV）

**2. 测试步骤**

（1）测量输入插座③脚 ON/OFF 开和关的两个电平值，用示波器观察 $Q_5$ 和 $Q_6$ 门级驱动信号波形，并算出逆变器工作频率，填入表 4-4。

表 4-4　输入插座③脚和 $Q_5$、$Q_6$ 波形

| 输入插座③脚 | ON 时电平值 | |
|---|---|---|
| | OFF 时电平值 | |
| | $Q_5$ | $Q_6$ |
| 波形 | $U$ <br> $t$ | $U$ <br> $t$ |
| 频率 | | |

（2）测量输入插座④脚亮度调整电压最亮、最暗和中间三个电压，并观察示波器对应的脉冲宽度，并计算出占空比，填入表 4-5。

表 4-5　输入插座④脚波形

| | 最亮 | 中间 | 最暗 |
|---|---|---|---|
| 插座④脚波形 | $U$ <br> $t$ | $U$ <br> $t$ | $U$ <br> $t$ |
| 占空比 | | | |

（3）测试背光灯两端口的工作电压（650 V 左右），填入表 4-6。

（4）测试背光灯两端口的启动电压（1 500 V 左右）（根据条件选做），填入表 4-6。

表 4-6　输入插座④脚波形

| 背光灯管工作电压/V | 背光灯管启动电压/V |
|---|---|
| | |

（5）用三用表测 $U_1$ 的⑯脚电压，当拔掉一个灯管时，再测量电压值。此时有什么现象发生。

（6）短路 $U_1$ 的①脚，观察有什么现象发生，为什么会出现这种现象？

**小疑问：**

（1）简述逆变器的背光灯断开和过流保护过程。

（2）为什么过流保护只取一只灯管上的电流，另一只灯管过流时能否保护？

### 3.测试验收

教师对学生本次测试进行逐一检查,了解学生对仪器使用的掌握程度,了解学生对逆变器的理解,以及在测试过程中遇到的问题。

(1)整理测试波形及数据,填入表 4-4、表 4-5 和表 4-6。

(2)逆变器的工作电压是多少? 测量过程中有哪些问题?

**思考与练习**

1. 在液晶电视中,逆变器的作用是什么?

2. TL494 输出脉冲的频率由哪些参数确定?

# 项目 5  液晶电视显示电路调试

## 项目简介

本项目通过对液晶电视整机视频缩放电路及显示电路调试与维修,掌握液晶电视整机的视频缩放电路及显示电路的组成及信号流程;掌握用软件的方法调试电子整机,提高液晶电视显示电路调试和维修能力。

## 学习目标

1. 能够分析液晶电视视频缩放及显示电路的信号流程。
2. 能够测量液晶电视关键点的电压和波形。
3. 学会对液晶电视进行软件调试。
4. 学会测量液晶显示驱动电路。
5. 完成项目设计报告编写。

## 学习导航

教学导航介绍本项目的教学方法与学习方法,并分析项目中的重点与难点,供教师和学生参考。

**项目 5 教学导航**

| | | |
|---|---|---|
| 教学方法 | 知识重点、难点 | 重点:视频缩放电路的信号流程。<br>难点:视频缩放电路的工作原理。 |
| | 操作重点、难点 | 重点:软件参数的调整。<br>难点:软件参数的调整方法。 |
| | 建议教学方法 | 理论教学、一体化(理论与实际操作结合)教学。 |
| | 建议学时 | 14 学时。 |
| 学习方法 | 建议学习方法 | 通过教师讲授与演示,使学生掌握显示电路的工作原理、调试方法及维修方法。 |
| | 学习参考网站 | http://www.go-gddq.com/html/kj_wx_YeJingCaiDian/液晶电视的调与维修 |
| | 学习参考资料 | 本项目 5.2 视频缩放芯片、5.3 微控制器。 |
| 项目成果 | 编写项目报告书 | 包括项目计划书、视频缩放芯片的特性及测试、微控制器的测试、软件调试方法、项目总结及项目验收单。 |

## 学习活动

**项目 5 学习活动**

| 学习任务 | 学习活动 | 学时 | 目的及要求 | 授课形式 | 作业 |
|---|---|---|---|---|---|
| 项目 5 液晶电视 显示电路 调试 | 5.1 制定项目计划 | 1 | (1) 读懂并理解任务书中所描述的任务目标及要求。<br>(2) 制定工作计划,安排工作进度。 | 理论授课 | 计划书 |
| | 5.2 视频缩放电路的测试 | 4 | (1) 视频缩放芯片的性能及信号流程。<br>(2) 视频缩放电路的测试。 | 一体化课 | 思考与练习 |
| | 5.3 微控制器的测试 | 3 | (1) 微控制器的性能。<br>(2) 微控制器的测试。 | 一体化课 | 思考与练习 |
| | 5.4 液晶电视显示驱动电路的软件调试 | 6 | (1) 软件开发环境。<br>(2) 软件编译和烧录。<br>(3) 软件参数的更改。 | 一体化课 | 思考与练习 |

# 5.1 制定项目计划

本次教学活动采用理实一体的教学方式,首先由教师介绍本项目内容,解读项目任务书,在介绍如何编写制定工作计划的过程中,让学生分组讨论,提出制定项目计划中的问题。

(1) 介绍学习方法,了解本项目内容。

(2) 如何读懂项目任务书中所描述的任务目标及要求。

(3) 制定工作计划,安排工作进度。

## 5.1.1 情景引入

液晶电视的核心部分是显示电路,显示电路包括缩放处理电路,它对输入的各种格式的模拟和数字电视信号的亮度、色度、对比度、清晰度等进行增强、水平和垂直缩放处理,然后变换成适合液晶屏接口的输入信号。微控制器通过软件对各模块电路控制,是液晶电视控制的核心部分。通过更改软件中的一些参数,掌握软件调试电路方法,使学生具备更完整的调试技能。

## 5.1.2 实施步骤

(1) 制定工作计划。

(2) 学习视频缩放电路的信号流程。

(3) 学习显示电路的软件调试方法。

(4) 对项目完成情况进行评价,项目完成过程提出问题及找出解决的方法,撰写项目总结报告。

根据以上项目实施步骤,制定项目任务书,供教师教学及学生学习参考。

## 项目任务书

### 项目 5 任务书

| 课程名称 | | 项目编号 | 5 |
|---|---|---|---|
| 项目名称 | **数字电视显示电路调试与检验** | 学　时 | 14（理论 6，一体化 8） |
| 目的 | 1. 能够分析液晶电视视频缩放及显示电路的信号流程。<br>2. 能够测量液晶电视关键点的电压和波形。<br>3. 学会对液晶电视进行软件调试。<br>4. 学会测量检测液晶显示驱动电路。<br>5. 完成项目设计报告编写。 | | |

**训练内容与要求**

**背景描述**

通过液晶电视整机视频解码及显示电路调试与检测项目,掌握液晶电视整机的视频解码及显示电路的组成及信号流程;掌握用软件的方法调试电视整机;通过此项目,达到提高液晶电视整机的调试和检测能力。

**内容要点**

5.1 明确任务,制定计划,安排进度

5.2 液晶电视整机的视频缩放电路的测试

(1) 缩放芯片的性能及工作信号流程。

(2) 视频缩放电路的测试。

5.3 微控制器的测试

(1) 微控制器的性能。

(2) 微控制器的测试。

5.4 液晶电视显示驱动电路的软件调试

(1) 软件的开发环境。

(2) 软件的编译。

(3) 软件的烧录。

(4) 软件的参数更改。

(5) 讨论:选出调试好的学生,介绍体会;教师和学生分别就项目成果交流,提出改进建议。

**注意事项**

(1) 注意安全用电。

(2) 注意仪器安全使用。

**评价标准**

**1. 良好**

① 电路调试仪器使用、测试结果、参数指标正确。

② 软件参数设置正确。

③ 按步骤规范完成项目任务,能够体现一些职业行动能力。

④ 按时完成项目设计报告,并且报告结构完整、条理清晰。

⑤ 答辩中回答问题正确,表述清楚。

**2. 优秀**

在达到良好的基础上,同时又具备以下条件。

① 电路调试仪器使用熟练、测试结果通过快、参数指标高,能较熟练排除故障。

② 按步骤规范完成项目任务,能够体现一些职业行动能力,独立解决问题能力强。

③ 按时完成项目设计报告,并且报告结构有独到见解、论述清晰。

④ 答辩中能客观地进行自我评价、分析判断并论证各种信息;回答问题正确,表述清楚。

**3. 合格**

① 能在教师指导下,完成电路调试、测试结果参数指标基本正确。

② 完成项目设计报告。

③ 不能独立回答答辩中全部问题,但在教师提示下可完成。

**4. 不合格**

有下列情况之一者为不合格。

① 未能按时递交项目报告。

② 项目设计报告存在抄袭现象。

③ 未达到合格条件。

不合格者须重做。

# 5.2　视频缩放电路的测试

跟我学:视频芯片介绍

## 5.2.1　芯片介绍

**1. 概述**

NT68565 是高集成度的平板显示控制器,它带有模拟和数字的输入接口。芯片的组成分别是三个一组的 A/D 变换控制器、TMDS(低摆幅差分信号)构成的 DVI 接收器、数字 YUV 接收器、高品质的缩放引擎、多色彩的屏幕字符显示控制器等,及其他许多别的功能。

NT68565 的运行频率高至 165 MHz,通过使用交替取样技术,可适合分辨率最高为 SXGA 的液晶显示器,对模拟输入信号的分辨率可扩展至 UXGA 标准。

**2. 特性**

数字视频输入

- 支持 ITU-R BT656 的 8 位输入格式
- 内部集成了 YUV 到 RGB 的彩色空间变换
- 支持空间去隔行
- 显示输出
- 支持单像素或双像素输出
- 支持多种信号输出格式:RSDS/LVDS/TTL
- 单像素 TTL 时钟输出,支持的分辨率可达 1024×768,帧频为 85 Hz
- 频谱扩展输出,降低输出信号的驱动电流和变化速率,实现了低的电磁干扰
- 支持 18 位的面板的 24 位品质的抖动功能
- 可选的帧同步频率和自由运行显示模式

- 10 位可编程的伽玛校正
- 用于屏背光灯亮度调节和音量调节的 2 路 PWM 输出
- 显示分辨率可达 SXGA(1 400×1 050)
- 支持标准的 *RGB* 输入

**3. 引脚功能**

芯片引脚功能如表 5-1 所示。

表 5-1　NT68565 引脚功能

| 引脚 | 名称 | 功能 |
|---|---|---|
| 1 | AGND | 最小差分信号的模拟地 |
| 2 | RX2+ | 最小差分信号的 2+ 通道 |
| 3 | RX2− | 最小差分信号的 2− 通道 |
| 4 | AVCC | 模拟 $V_{CC}$ |
| 5 | RX1+ | 最小差分信号的 1+ 通道 |
| 6 | RX1− | 最小差分信号的 1− 通道 |
| 7 | AGND | 最小差分信号的模拟地 |
| 8 | RX0+ | 最小差分信号的 0+ 通道 |
| 9 | RX0− | 最小差分信号的 0− 通道 |
| 10 | AGND | 最小差分信号的模拟地 |
| 11 | RXC+ | 最小差分信号的时钟对＋ |
| 12 | RXC− | 最小差分信号的时钟对− |
| 13 | AVCC | 3.3 V 电源 |
| 14 | REXT | 外接 1% 精度的 390 Ω 电阻到 AVCC |
| 15 | PVCC | 3.3 V 的锁相环电源 |
| 16 | PGND | 锁相环地 |
| 17 | NC | 空脚 |
| 18 | NC | 空脚 |
| 19 | BVMID | B 通道的旁路电容 |
| 20 | BIN1＋/Pb1＋ | B/Pb 通道 1 的模拟视频信号输入正端 |
| 21 | BIN1−/Pb1− | B/Pb 通道 1 的模拟视频信号输入负端 |
| 22 | SOGI1/SOY1 | VGA 口在绿色中的同步信号 |
| 23 | GIN1＋/Y1＋ | G/Y 通道 1 的模拟视频信号输入正端 |
| 24 | GIN1−/Y1− | G/Y 通道 1 的模拟视频信号输入负端 |
| 25 | RIN＋/Pr1＋ | R/Pr 通道 1 的模拟视频信号输入正端 |
| 26 | RIN−/Pr1− | R/Pr 通道 1 的模拟视频信号输入负端 |
| 27 | RVMID | R 通道的旁路电容 |
| 28 | ADC_VAA | 模数变换的模拟电源 |
| 29 | ADC_GNDA | 模数变换的模拟地 |
| 30 | BIN0＋/Pb0＋ | B/Pb 通道 0 的模拟视频信号输入正端 |

| 引脚 | 名称 | 功能 |
|------|------|------|
| 31 | BIN0－/Pb0－ | B/Pb 通道 0 的模拟视频信号输入负端 |
| 32 | SOGI0/SOY0 | VGA 口在绿色中的同步信号/在亮度中的 YPbPr 同步信号 |
| 33 | GIN0＋/Y0＋ | G/Y 通道 0 的模拟视频信号输入正端 |
| 34 | GIN0－/Y0－ | G/Y 通道 0 的模拟视频信号输入负端 |
| 35 | RIN0＋/Pr0＋ | R/Pr 通道 0 的模拟视频信号输入正端 |
| 36 | RIN0－/Pr0－ | R/Pr 通道 0 的模拟视频信号输入负端 |
| 37 | NC | 空脚 |
| 38 | NC | 空脚 |
| 39 | HSYNCI1 | VGA 口 1 通道的水平同步信号 |
| 40 | VSYNC1/TOUP | VGA 口 1 通道的垂直同步信号 |
| 41 | HSYNCI0 | VGA 口 0 通道的水平同步信号 |
| 42 | VSYNC0 | VGA 口 0 通道的垂直同步信号 |
| 43 | PLL_GND | 地 |
| 44 | TCLK | 基准时钟 |
| 45 | PLL_VDD | 锁相环的 1.8 V 电源,建议到地接 0.1 $\mu$F 的电容 |
| 46 | HDCP_SDA | DVI 数据线 |
| 47 | HDCP_SCL | DVI 时钟线 |
| 48 | RSTn | 系统复位 |
| 49 | SDA | 主接口的数据线 |
| 50 | SCL | 主接口的时钟线 |
| 51 | IRQn | 诊断请求 |
| 52 | CVDD | 1.8 V 的数字电路电源 |
| 53 | IO_SEL | 空脚 |
| 54 | DVDD | 显示屏电源 |
| 55 | RSBA1P/V0 | 未接(A 端口 RSDS 蓝正数据 1) |
| 56 | RSBA1M/V1 | 未接(A 端口 RSDS 蓝负数据 1) |
| 57 | RSBA2P/V2 | 未接(A 端口 RSDS 蓝正数据 2) |
| 58 | RSBA2M/V3 | 未接(A 端口 RSDS 蓝负数据 2) |
| 59 | RSBA3P/V4 | 未接(A 端口 RSDS 蓝正数据 3) |
| 60 | RSBA3M/V5 | 未接(A 端口 RSDS 蓝负数据 3) |
| 61 | RSCLKAP/V6 | 未接(A 端口 RSDS 像素时钟正) |
| 62 | RSCLKAM/V7 | 未接(A 端口 RSDS 像素时钟正) |
| 63 | RSGA1P/YUV_CLK | 未接(A 端口 RSDS 绿正数据 1) |
| 64 | RSGA1M | 未接(A 端口 RSDS 绿负数据 1) |
| 65 | DGND/CGND | 数字地 |
| 66 | RSGA2P/T7P/B0 | A 端口 RSDS 绿正数据 2/LVDS 正数据 7/显示器蓝数据 0 |

| 引脚 | 名称 | 功能 |
|---|---|---|
| 67 | RSGA2M/T7M/B1 | A 端口 RSDS 绿负数据 2/LVDS 负数据 7/显示器蓝数据 1 |
| 68 | RSGA3P/TCLK2P/B2 | A 端口 RSDS 绿正数据 3/LVDS 正时钟数据 2/显示器蓝数据 2 |
| 69 | RSGA3M/TCLK/B3 | A 端口 RSDS 绿负数据 3/LVDS 负时钟数据 2/显示器蓝数据 3 |
| 70 | RSRA1P/T6P/B4/RSBBOM | A 端口 RSDS 红正数据 1/LVDS 正数据 6/显示器蓝数据 4 |
| 71 | RSRA1M/T6M/B5/RSBBOM | A 端口 RSDS 红负数据 1/LVDS 负数据 6/显示器蓝数据 5 |
| 72 | RSRA2P/T5P/B6/RSGBOP | A 端口 RSDS 红正数据 2/LVDS 正数据 5/显示器蓝数据 6 |
| 73 | RSRA2M/T5M/B7/RSGBOM | A 端口 RSDS 红负数据 2/LVDS 负数据 5/显示器蓝数据 7 |
| 74 | RSRA3P/T4P/G0/RSGBOP | A 端口 RSDS 红正数据 3/LVDS 正数据 4/显示器蓝数据 0 |
| 75 | RSRA3M/T4M/G1/RSRBOM | A 端口 RSDS 红负数据 3/LVDS 负数据 4/显示器蓝数据 1 |
| 76 | DGND/CGND | 数字地 |
| 77 | NC | 空脚 |
| 78 | NC | 空脚 |
| 79 | RSBB1P/T3P/G2 | B 端口 RSDS 蓝正数据 1/LVDS 正数据 3/显示器绿数据 2 |
| 80 | RSBB1M/T3M/G3 | B 端口 RSDS 蓝负数据 1/LVDS 负数据 3/显示器绿数据 3 |
| 81 | RSBB2P/TCLK1P/G4 | B 端口 RSDS 蓝正数据 2/LVDS 正数据 1/显示器绿数据 4 |
| 82 | RSBB2P/TCLK1M/G5 | B 端口 RSDS 蓝负数据 2/LVDS 时钟负数据 1/显示器绿数据 5 |
| 83 | RSBB3P/T2P/G6 | B 端口 RSDS 蓝正数据 3/LVDS 正数据 2/显示器绿数据 6 |
| 84 | RSBB3M/T2M/G7 | B 端口 RSDS 蓝负数据 3/LVDS 负数据 2/显示器绿数据 7 |
| 85 | RSCLKBP/T1P/R0 | 端口 B 的 RSDS 像素时钟正数据/LVDS 正数据 1/显示器红数据 0 |
| 86 | RSCLKBM/T1M/R1 | 端口 B 的 RSDS 像素时钟负数据/LVDS 负数据 1/显示器红数据 1 |
| 87 | RSGB1P/T0P/R2 | B 端口 RSDS 绿正数据 1/LVDS 正数据 0/显示器红数据 2 |
| 88 | RSGB1M/T0M/R3 | B 端口 RSDS 绿负数据 1/LVDS 负数据 0/显示器红数据 3 |
| 89 | SP | 屏的源驱动触发脉冲 |
| 90 | DVDD | 屏的数字电路电源 |
| 91 | RSGB2P/R4 | B 端口 RSDS 绿正数据 2/显示器红数据 4 |
| 92 | RSGB2M/R5 | B 端口 RSDS 绿负数据 2/显示器红数据 5 |
| 93 | RSGB3P/R6 | B 端口 RSDS 绿正数据 3/显示器红数据 6 |
| 94 | RSGB3M/R7 | B 端口 RSDS 绿负数据 3/显示器红数据 7 |
| 95 | RSRB1P | B 端口 RSDS 红数据 1 |
| 96 | RSRB1M/POL | B 端口 RSDS 红负数据 1/屏的源驱动极性变换信号 |
| 97 | RSRB2P/DCLK/TCON_CLK | B 端口 RSDS 红正数据 2/屏的 TTL 时钟/屏的源驱动像素时钟 |
| 98 | RSRB2M/DDE | B 端口 RSDS 红负数据 2/屏的 TTL 接口使能 |
| 99 | RSRB3P/DVS | B 端口 RSDS 红正数据 3/屏的 TTL 接口垂直同步信号 |
| 100 | RSRB3M/DHS | B 端口 RSDS 红负数据 3/屏的 TTL 接口水平同步信号 |
| 101 | DGDN/CGND | 数字地 |
| 102～121 | NC | 空脚 |

续 表

| 引脚 | 名称 | 功能 |
|------|------|------|
| 122 | CVDD | 1.8 V 电源 |
| 123 | HDCP_SCL_OP | 空脚 |
| 124 | GP06/HDCP_SDA_OP | 空脚 |
| 125 | PWMA/GP07/SCL_OP | 空脚 |
| 126 | PWMB/GP08/SDA_OP | 空脚 |
| 127 | RSTn_OP | 空脚(任选的系统复位) |
| 128 | IRQn_OP | 空脚(任选的系统中断请求) |

## 5.2.2 信号流程

跟我学：视频芯片信号流程

以 NT68565 为核心处理芯片的应用电路如图 5-1 所示。DVI 接口输入的是多媒体高清数字信号；一路 VGA 信号，包括同步信号 Vs、Hs；另一路分量信号 YPbPr 经 NT68565 内部选择其中一路，再进行图像增强、缩放等处理、屏幕字符混合、伽玛校正后，变换成适合液晶屏接口的输入信号 LVDS、RSDS 或 TTL 信号。

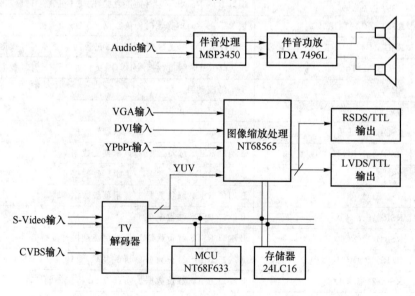

图 5-1 NT68565 应用电路

### 5.2.3　视频缩放电路的测试

跟我测：缩放芯片的测试

通过对视频芯片的测试,掌握视频缩放芯片的工作原理。

**1. 设备准备**

(1) 液晶电视实验箱

(2) 万用表

**2. 测试步骤**

用万用表测量开机与待机两种状态下 NT68565 如下各点对地电压：AVCC、PVCC、ADC_VAA、DVDD、CVDD、RST、IRQ,填入表 5-2。

表 5-2　NT68565 各点电压

| | | AVCC | PVCC | ADC_VAA | DVDD | CVDD | RST | IRQ |
|---|---|---|---|---|---|---|---|---|
| 电压 | 待机 | | | | | | | |
| | 开机 | | | | | | | |

**3. 测试验收**

教师对学生本次测试进行逐一检查,了解学生对视频缩放芯片的理解,以及在测试过程中遇到的问题。

(1) 整理测试数据,填入表 5-2。

(2) 用万用表测试芯片引脚电压时应注意什么?

(3) 开机和待机时,哪些电压发生了变化?

**思考与练习**

1. 视频缩放芯片具有哪些功能?

2. 视频缩放芯片的输入信号有哪几种格式?

3. 视频缩放芯片的输出信号有哪几种格式?

# 5.3　微控制器的测试

### 5.3.1　微控制器芯片介绍

跟我学：微控制器芯片的性能

NT68F633 微控器的核是 8031CPU,它为液晶显示器的应用提供了高性能低成本的设计方案。该微控器由 8 位的 8031 微控器,64 KB 字节的 Flash 类型的程序存储器,1 280 B 的数据存储器,4 路 7 位精度的 A/D 变换器,10 路 8 位精度 PWM 的 D/A 变换器,2 个 16 位的定时器/计数器和一个异步通信口组成。另外还有 2 路 DDC 的硬件解决方案,VESA 2Bi/2B+的主/从 $I^2C$ 总线接口。这些功能可使用户能很快制成先进的液晶显示器。

**1. 特性**

- 采用了 CMOS 技术,降低了电源的功率损耗
- 工作电压 3.0~3.6 V
- 8031 微处理核

集成了 8031 的架构

集成了 256 B 的数据存储器

2 个 16 位的定时器/计数器

全双工的异步通信接口

带有两级可编程优先级的 5 个中断向量

高级 C 语言编程

- 片上振荡器:12~15 MHz 的工作频率(包括 14.318 MHz)
- CPU 工作的时钟频率:24~30 MHz
- 复位

外接复位引脚

低电压复位

看门狗定时器复位

在线编程复位

- 程序存储器

64 KB 片上 Flash 程序存储器

2 KB 片上在线可编程控制掩膜只读存储器

- 1 280 B 节片上 RAM

8031 的内部数据扩充存储器 256 B,其地址是 $00~$FF

外部数据存储器

512 B 的通用 RAM 缓冲器,其地址是($F400~$F5FF)

512 B RAM 缓冲器,它用于硬件数据显示通道,地址是($F800~$F9FF)

- A/D 变换

7 位精度

可选的四通道

变换范围:单边从地到 $V_{CC}$

变换时间:15 $\mu s$ 以下

- PWM D/A 变换

8 位精度

10 通道可选输出:其中 6 通道是 3.3 V 推挽输出,4 通道是 5 V 漏极开路输出

- 37 个可选的通用输入/输出引脚

- 8031 带有两级可编程优先级的 5 个中断向量

TF0：定时器/计数器 0 溢出中断

TF1：定时器/计数器 1 溢出中断

RI＋TI：异步通信中断

INT0：$I^2C$ 总线－0（PB4，PB5）中断

INT1

外部中断：INTE0 和 INTE1

$I^2C$ 总线－1（PB6，PB7）中断

- 显示数据通道（DDC）

双路独立 DDC（显示数据通道）输入通道

纯硬件解决方案的即插即用功能

对于硬件 DDC 口的 EDID（扩展显示）数据 128/256 B 任选

- $I^2C$ 总线

内建的 2 路主/从 $I^2C$ 总线支持即插即用功能

时钟线上的速率可高至 400 kbit/s（24 MHz 时钟）

**2．引脚功能**

芯片的引脚如表 5-3 所示。

表 5-3　NT68F633 的引脚功能

| 引脚 | 符号 | 功能 |
| --- | --- | --- |
| 1 | PD0 | K2 按键信号输入 |
| 2 | PA0/PWM2 | K1 按键信号输入 |
| 3 | PA1/PWM3 | 绿灯控制 |
| 4 | PA2/PWM4 | 红灯控制 |
| 5 | PA3/PWM5 | K0 按键信号输入 |
| 6 | PA4/PWM6 | 音量控制 |
| 7 | PA4/PWM7 | SDA |
| 8 | PA4/PWM8 | SCL |
| 9 | PA4/PWM9 | 亮度调整 |
| 10 | RSTB | 复位（低电平作用） |
| 11 | P30/RXD | CPU 的异步通信 RXD |
| 12 | PD6 | 电源通断 |
| 13 | P31/TXD | CPU 的异步通信 TXD |
| 14 | ADC2/INTE0 | 外部中断输入 |

| 引脚 | 符号 | 功能 |
|---|---|---|
| 15 | PB3/ADC3/INTE1 | VGA 的水平同步信号 |
| 16 | P34/T0 | 时钟线 SCL |
| 17 | P35/T1 | 数据线 SDA |
| 18 | PE0 | K6 按键信号输入 |
| 19 | PE1 | 输入视频信号选择 |
| 20 | OSC0 | 12 MHz 晶振输出 |
| 21 | OSC1 | 12 MHz 晶振输入 |
| 22 | GND | 电源地 |
| 23 | PB0/ADC0 | 自动频率微调 |
| 24 | PB1/ADC1 | 屏电源控制 |
| 25 | PB4/SCL0 | DVI_SCL |
| 26 | PB5/SDA0 | DVI_DAT |
| 27 | PB6/SCL1 | VGA_SCL |
| 28 | PB7/SDA1 | VGA_SDA |
| 29 | PD5 | 静音控制 |
| 30 | PD4 | K7 按键信号输入 |
| 31 | PD3 | 红外遥控信号输入 |
| 32 | NC | 未接 |
| 33 | NC | 未接 |
| 34 | PD2 | K5 按键信号输入 |
| 35 | PD1 | K4 按键信号输入 |
| 36 | PC7 | 输入声音信号选择控制 |
| 37 | PC6 | 输入声音信号选择控制 |
| 38 | PC5 | 输入视频信号选择控制 |
| 39 | PC4/PWM1 | 控制 NT68565 复位 |
| 40 | PC3/PWM0 | 高频头 12 V 控制 |
| 41 | PC2 | K3 按键信号输入 |
| 42 | PC1 | 待机控制 |
| 43 | PC0 | 背光灯开关 |
| 44 | $V_{CC}$ | +3.3 V 电源 |

### 3. 芯片的内部框图

NT68F633 的内部电路如图 5-2 所示,包括输入输出接口、7 位的 A/D 变换器、8 位的 D/A 变换器、中断控制器、数据存储器等。

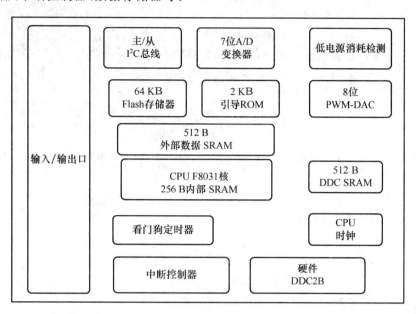

图 5-2　NT68F633 的内部框图

## 5.3.2　微控制器测试

跟我测:微控制器的测试

通过对微控制器的测试,掌握微控制器芯片的基本控制方式。

### 1. 设备准备

(1) 液晶电视实验箱

(2) 万用表

### 2. 测试步骤

用万用表测量 NT68F633 的 MCU_VCC、POWER_ON、POWER_OFF、IRQ、RST、PANEL_ON/OFF,填入表 5-4。

表 5-4　NT68F633 的引脚电压

| | MCU_VCC | POWER_ON | POWER_OFF | IRQ | RST | PANEL_ON | PANEL_OFF |
|---|---|---|---|---|---|---|---|
| 电压 | | | | | | | |

### 3. 测试验收

教师对学生本次测试进行逐一检查,了解学生对仪器使用的掌握程度,了解学生对微控制芯片的理解,以及在测试过程中遇到的问题。

（1）将测试波形及数据整理，填入表 5-4。

（2）单片机复位时，引脚 RST 的电平值是多少？

**思考与练习**

1. 微控制器芯片在液晶电视中的作用是什么？

2. 微控制器芯片内部由哪些部分组成？

3. 根据测试数据，判断液晶电视在高电平还是在低电平开机？

# 5.4　液晶电视驱动电路的软件调试

## 5.4.1　软件开发环境介绍

跟我学：软件开发环境的使用

液晶电视的软件是在 Keil 软件平台上开发的，下面就以安装好此软件为前提，说明此软件的基本操作步骤。

（1）计算机通电，启动 Windows XP 操作系统（注意：先开显示器电源，后开主机电源）。

（2）双击桌面上的 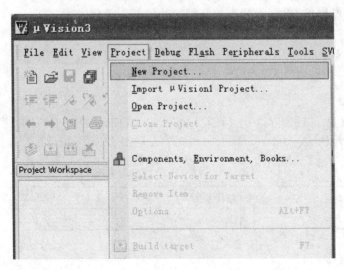 图标打开如图 5-3 所示窗口。

（3）单击菜单栏的"Project"，在弹出的下拉菜单中选择"New Project"，建立将要做的工程项目。

图 5-3　建立项目文件

接下来给工程命名,例如"shy",然后单击"保存"按钮,如图 5-4 所示。接下来,Keil 环境要求为"shy"工程选择一个单片机型号,选择 Atmel 公司的 89C51,单击"确定"按钮后就完成了工程项目的建立,如图 5-5 所示。

图 5-4　保存项目文件

图 5-5　选择芯片

(4) 建立了工程项目,接着就为工程添加程序。单击菜单栏的"File",在弹出的下拉菜单中选择"New",如图 5-6 所示,新建一个空白文档。这个空白文档就是编写单片机程序的场所。在这里可以进行编辑、修改软件程序等操作。

(5) 在文档中写入程序,然后单击菜单栏的"File",在弹出的下拉菜单中选择"Save As"进行文件保存,如图 5-7 所示。保存文件时,其文件名最好与前面建立的工程名相同,其扩展名必须为".asm"。文件名一定要写全,如 shy.asm;保存后的文档彩色语法会起作用,将关键字实行彩色显示。

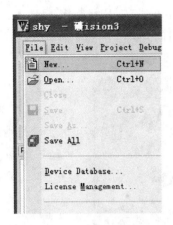
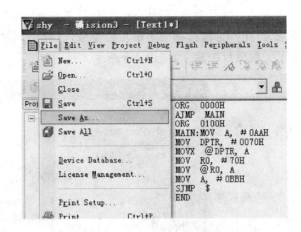

图 5-6　创建文档　　　　　　　　　图 5-7　编辑和保存文档程序

**小提示：**
如果用 C 语言编程，则程序的扩展名必须为".c"。

（6）保存了 asm 文件后，还要将其添加到工程中。具体做法是，右击"Source Group 1"，在弹出的菜单中选择"Add Files to Group 'Source Group 1'"，如图 5-8 所示。

图 5-8　添加程序文件到工程

在接下来出现的窗口中，选择"文件类型"为"asm 源文件（＊.a＊,＊.src）"（由于使用的是汇编语言，所以选择 asm 源文件），选中刚才保存的"shy.asm"，单击"Add"按钮，再单击"Close"按钮，文件就添加到工程中。

（7）向工程添加了源文件后，右击"Target 1"，在弹出的菜单中选择"Options for Target 'Target 1'"。在打开的对话框中，选择"Output"选项卡，在这个选项卡中的"Create HEX File"选项前要打勾，单击"确定"按钮完成设置，如图 5-9 所示。

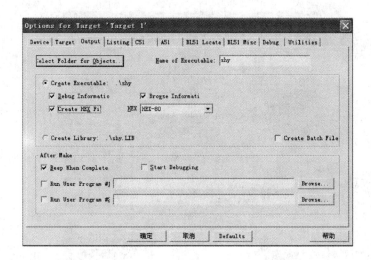

图 5-9 "Options for Target 'Target 1'"对话框

（8）单击工具栏中 📇 按钮，进行"目标构造"，系统进行汇编、连接，并创建 Hex 文件。若在下面的状态窗中有错误提示（如语法、字符有错等），就需要再次编辑、修改源程序、保存、构造所有，直至错误为 0，如图 5-10 所示。

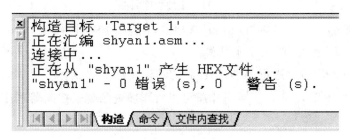

图 5-10 编译结果

（9）单击工具栏中 ⊕ 按钮进行程序调试。此后即可以单击 按钮，让程序全速运行，也可单击 按钮单步执行。若要停止全速执行，单击 ⊗ 按钮。

### 5.4.2 软件编译

跟我学：软件开发环境的使用

程序编制好后就要对其进行编译，液晶电视软件的编译按照如下步骤操作。

（1）把文件"C51_RD. dll"复制到 Keil C51 安装目录下的 bin 目录，例如，C:\Keil\C51\bin。

（2）将程序文件夹下的所有文件复制到 C:\ TO_DP 目录下。

（3）打开 HDTV6818. Uv2，用 KEIL C51 进行编译，结果生成在目录 bin\NT563. HEX 下。

1）右击"WORK"，在弹出的菜单中选择" Options for Target 'WORK'"，如图 5-11 所示。

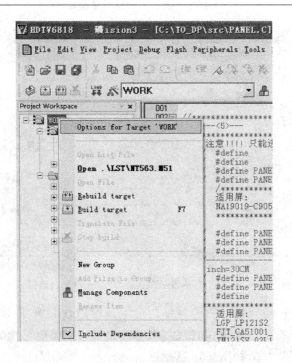

图 5-11　添加程序文件

2）在打开的对话框中，选择"Output"选项卡，在这个选项卡中，在"Create HEX File"选项前打勾，然后单击"确定"按钮完成设置。

3）单击 按钮对程序进行编译，编译后的结果如图 5-12 所示。生成的文件在 c:\ TO_DP\BIN 目录下，如图 5-13 所示。接下来就可以将程序烧录到微控制器芯片中。

图 5-12　程序编译结果

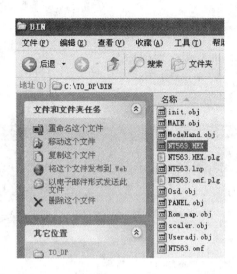

图 5-13 生成的 .HEX 文件

### 5.4.3 程序烧录

跟我学：液晶电视软件的烧录

程序编译成功后，接下来要把程序下载到微控制器芯片 NT68F633 中，使液晶电视按照程序进行工作。具体操作方法如下。

（1）用并口线连接计算机并口和烧写板的并口，如图 5-14 所示。

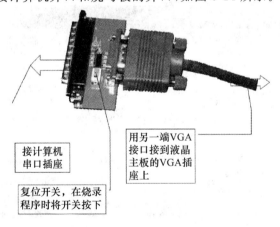

接计算机
串口插座

复位开关，在烧录
程序时将开关按下

用另一端VGA
接口接到液晶
主板的VGA插
座上

图 5-14 并口连接示意图

**小提示：**
烧写板的的复位开关在烧录程序时应按下，否则会造成程序烧录失败。

（2）用 VGA 线连接烧写板与机芯板。

（3）安装烧录软件平台，即双击桌面图标 。

（4）加载被烧录的主程序，其步骤如下。

1）单击"Load File"按钮，如图 5-15 所示。

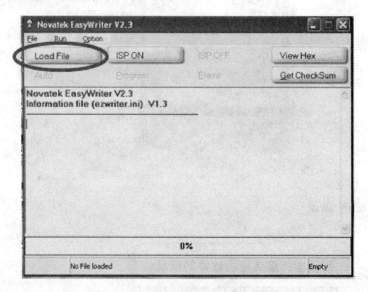

图 5-15　加载待烧录程序

2）选择烧写文件。单击所需烧写程序（如 NT563. Hex），单击"Open"按钮，如图 5-16 所示。

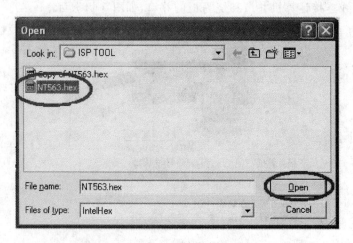

图 5-16　选择烧写文件

3）选择烧写芯片。单击"Open"按钮后出现如图 5-17 所示窗口，选中"NT68F63G（64K）"。

4）单击"Auto"按钮，开始烧写，如图 5-18 所示。

（5）烧写完毕，指示灯闪烁后熄灭。

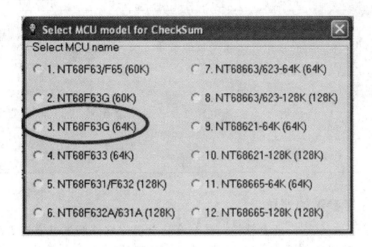

图 5-17  选择待烧写芯片

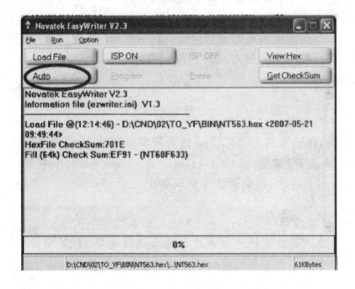

图 5-18  烧写芯片

（6）如果跳出如图 5-19 所示的警告提示，请先检查 VGA 线和＋12 V 供电是否插好。

图 5-19  警告提示

**小提示：**

（1）烧录程序时必须保证各设备之间可靠连接。

（2）液晶主板必须通电。

（3）复位开关必须按下。

（4）烧录时计算机显示器进度条没有显示到100％时不能断开烧录器或电源。

（5）要烧写相应的驱动程序。

### 5.4.4 程序参数的调试

电子电路除硬件调试外，还有软件调试。液晶电视的软件调试可通过更改程序中的一些参数，然后对程序进行编译，下载到芯片中可以观察不同参数的显示效果。这里只对显示的分辨率进行调整，观察液晶屏的显示情况。程序参数调试的具体步骤如下。

（1）打开项目文件 HDTV6818.Uv2。

（2）打开 panel.c，找到启用屏的语句（行开头去掉了屏蔽号//，字符显示为黑色）。

（3）打开 panel.h，找到启用屏对应的一段 C 程序。

它是以：＃if panel ＝＝ 开头

       ⋮

    ＃endif 结束

（4）修改分辨率，将原来的 1 024×768 的分辨率分别改为 800×600 和 1 280×1 024。

（5）单击"保存和编译"按钮（project|rebuild all target fild），生成 NT563.hex。

（6）将程序烧录到芯片中，观察液晶屏显示变化。

**思考与练习**

1. 烧录到芯片中的程序是 C 语言文件还是 HEX 文件？

2. 当显示器本身的分辨率是 1 024×768，分别改为 800×600 和 1 280×1 024后显示会发生什么变化？

# 项目 6　液晶电视机 3C 认证安全检验

## 项目简介

3C 认证的全称为"强制性产品认证制度"，它是各国政府为保护消费者人身安全和国家安全、加强产品质量管理、依照法律法规实施的一种产品合格评定制度。所谓 3C 认证，就是中国强制性产品认证制度，英文名为 China Compulsory Certification，英文缩写为 CCC。强制性产品目录分为 19 大类 132 种产品，液晶电视机即为强制性产品目录内的产品之一。

本项目由介绍我国强制性产品认证制度引入，主要围绕液晶电视机 3C 认证中的安全检测展开，介绍液晶电视机的安全检测标准，安全检测的基本原则以及安全检测中的试验方法，使读者了解家中的一台液晶电视机要获得一张 3C 证书，在安全检测方面需要经历的一系列的检验流程，更从液晶电视机的安全检测国家标准中提取了一些基本试验项目，让读者能更深入体验到液晶电视机安全检验的试验方法，丰富了读者对整机学习的全面性。

## 学习目标

1. 能够简单理解液晶电视机 3C 认证安全检测的基本原则及检测标准。

2. 能够熟练使用仪器进行液晶电视机安全检测的一些试验项目，理解试验方法检测液晶电视机的原因。

3. 能够认识到通过 3C 认证的液晶电视机需要达到的基本设计要求，并对不合格液晶电视机提出整改措施。

4. 完成项目设计报告编写。

## 教学导航

教学导航介绍本项目的教学方法与学习方法，并分析项目中的重点与难点，供教师和学生参考。

**项目 6 教学导航**

| 教学方法 | | |
|---|---|---|
| | 知识重点、难点 | 重点：液晶电视机安全检测的试验方法。<br>难点：对于国家标准各个试验项目的深入理解。 |
| | 操作重点、难点 | 重点：安全检测仪器熟练使用，检测方法在实际产品中的应用。<br>难点：对检测过程中现象的判断及不合格情况的整改措施。 |
| | 建议教学方法 | 理论教学、动画演示、一体化（理论与实际操作结合）教学。 |
| | 建议学时 | 14 学时。 |

| 学习方法 | 建议学习方法 | 通过教师讲授与演示引导学生理解,通过实际仪器的操作锻炼学生的动手能力及对试验方法的理解。 |
|---|---|---|
| | 学习参考网站 | www.cqc.com.cn 中国质量认证中心 |
| | 学习参考资料 | GB 8898—001 音频、视频及类似电子设备安全要求。 |
| 项目成果 | 编写项目报告书 | 包括项目计划书、液晶电视机安全检测的检测记录、检测结果、项目总结及项目总结验收单等。 |

## 学习活动

### 项目 6 学习活动

| 学习任务 | 学习活动 | 学时 | 目的及要求 | 授课形式 | 作业 |
|---|---|---|---|---|---|
| 项目 6 液晶电视机 3C 认证安全检验 | 6.1 制定项目计划 | 1 | (1) 读懂并理解任务书中所描述的任务目标及要求。<br>(2) 制定工作计划,安排工作进度。 | 理论授课 | 计划书 |
| | 6.2 强制性产品认证制度(3C 认证)总则 | 2 | (1) 了解 3C 认证的基本准则。<br>(2) 了解目前申请我国 3C 认证的流程。 | 理论授课 | 思考与练习 |
| | 6.3 液晶电视机安全检测的基本内容 | 2 | (1) 初步了解液晶电视机的安全国标(GB8898—2001)。<br>(2) 了解液晶电视机的安全要素。 | 理论授课 | 思考与练习 |
| | 6.4 安全试验之爬电距离和电气间隙 | 2 | (1) 了解安全标准对液晶电视机电气间隙和爬电距离的要求。<br>(2) 掌握电气间隙和爬电距离的测试方法。 | 一体化课 | 测试报告 |
| | 6.5 安全试验之绝缘电阻和抗电强度 | 2 | (1) 了解安全标准对液晶电视机抗电强度的要求。<br>(2) 掌握抗电强度的测试方法。 | 一体化课 | 测试报告 |
| | 6.6 安全试验之抗外力及冲击试验 | 2 | (1) 了解安全标准对液晶电视机外壳开孔及端子的考核方法。<br>(2) 掌握抗外力及冲击试验的方法。 | 一体化课 | 测试报告 |
| | 6.7 项目验收、答辩、提出改进建议 | 2 | (1) 能够简述液晶电视机安全检测的基本原则和检测标准中的试验内容,掌握检测标准中的几项基本试验操作,并能正确回答问题。<br>(2) 针对本人的项目成果,相互评价提出改进意见。 | 一体化课 | 项目报告 |

# 6.1　制定项目计划

本次教学活动采用讲授结合实际操作的方式,首先由教师介绍本项目内容,解读项目任务书,在介绍如何编写制定工作计划的过程中,让学生分组讨论,提出制定项目计划中的问题。

(1) 介绍学习方法,了解本课程内容。

(2) 了解本项目内容。

(3) 如何读懂项目任务书中所描述的任务目标及要求。

(4) 制定工作计划,安排工作进度。

## 6.1.1　情景引入

家用电器是一种直接与人接触的产品。因此,安全性能是第一位的,特别是国外发达国家,对于安全方面的要求十分严格。大到电视机,小到电源插头插座,都必须经过安全认证机构检验合格后,加贴允许使用的有关标志,才可进口和销售。近年来,我国安全检测方面已逐步步入正轨,鉴于进口商品越来越多,因此掌握有关安全认证的知识是十分必要的。

国际上,几乎各国都有一个权威机构负责家用电器安全检验和认证工作。例如,美国 UL 安全标准、加拿大的 CSA 认证、德国的 VDE 认证、英国的 BSI 认证等,我国的检测机构就是大家熟悉的 CCC 认证。

早在 1983 年,原电子部三所安全室受原四机部产品质量司的委托,筹备起草《收音机、磁带录音机、功放和电视机安全要求》,经过一年多努力,在部委的领导下,在参加制定标准的企业、研究单位的共同努力下,于 1984 年制定并通过了编号为 SJ-2484-84 的四机安全标准,这是电子行业第一个安全标准,也是 GB 8898 国标的前身。同时由原电子部三所牵头,组织编写出第一份四机安全标准玄关材料,供生产、检测、设计人员参考。当前在国家认证认可江都管理委员会的领导下,我国对危及人类健康和安全、动植物生命以及环境保护和公共安全的产品实行强制认证制度。CCC 认证的工作在全国范围内已经有效地开展起来,产品的安全性设计、检测和申请认证已经成为电子、电器产品生产企业的一项重要工作。

随着液晶电视机在老百姓的家庭中越来越普及,甚至每家不止有一台液晶电视,虽然液晶电视技术越来越先进,但是以前电视发生过的悲剧,我们也不能忘记,所以对液晶电视机的安全性能检测是一项严谨而重要的工作,本项目将展开介绍液晶电视机的安全检测。

## 6.1.2　实施步骤

(1) 制定工作计划。

(2) 了解强制性产品认证制度(3C 认证)总则。

(3) 学习液晶电视机安全检测的基本内容。

(4) 学习安全试验之爬电距离和电气间隙。

(5) 学习安全试验之绝缘电阻和抗电强度。

(6) 学习安全试验之抗外力及冲击试验。

(7) 对项目完成情况进行评价,项目完成过程提出问题及找出解决的方法,撰写项目总结报告。

根据以上项目实施步骤,制定项目任务书,指导学生学习项目任务书,了解项目的基本要求,供教师教学及学生学习参考。

# 项目任务书

## 项目 6 任务书

| 课程名称 | | 项目编号 | 6 |
|---|---|---|---|
| 项目名称 | **液晶电视机 3C 认证安全检验** | 学时 | 13(理论 5,一体化 8) |
| 目的 | 1. 能够初步了解国家强制性产品认证制度,掌握目前我国相关产品的认证要求。<br>2. 能够大致了解国家标准《音频、视频及类似电子设备安全要求》,即 GB8898 的试验内容,掌握液晶电视机应用到国标中的相关安全的原则及试验内容。<br>3. 能够掌握液晶电视机的一些基本试验方法,熟练运用相关仪器进行测试。<br>4. 完成项目设计报告编写。 | | |
| 教学地点 | | 参考资料 | 项目任务、指导书、教材等 |
| 教学设备 | 电视整机、游标卡尺、塞规、视频投影仪、放大镜、绝缘耐压测试仪、冲击锤、标准试验指等。 | | |

**训练内容与要求**

**背景描述**

通过学习液晶电视机 3C 认证安全检验,初步了解国家强制性产品认证制度和液晶电视机的安全原则,使学生对液晶电视机的了解不止停留在课本上,让学生能更加全面和系统地了解液晶电视机。

3C 认证从 2003 年 5 月 1 日(后来推迟至 8 月 1 日)起全面实施,原有的产品安全认证和进口安全质量许可制度同期废止。目前已公布的强制性产品认证制度有《强制性产品认证管理规定》、《强制性产品认证标志管理办法》、《第一批实施强制性产品认证的产品目录》和《实施强制性产品认证有关问题的通知》。第一批列入强制性认证目录的产品包括电线电缆、开关、低压电器、电动工具、家用电器、音视频设备、信息设备、电信终端、机动车辆、医疗器械、安全防范设备等。液晶电视机即属于强制性产品目录中的音视频设备,它所依据的国家标准是《音频、视频及类似电子设备安全要求》,本标准的目的在于避免由于触电、过高温度、辐射、爆炸、机械危险、着火所造成的人身伤害或财产损失。本项目依据国家标准的试验方法,针对液晶电视机的相关要求,理解标准中规定的对安全试验的方法,熟练使用仪器进行一些基础试验的检测,在试验中能意识到一些产品的不合格项目,并提出自己的整改意见。

**内容要点**

项目 6 液晶电视机 3C 认证安全检验

6.1 明确任务,制定计划,安排进度

(1) 介绍课程内容采用讲授的方式。

(2) 解读项目任务书,介绍如何编写制定工作计划的过程中,让学生分组讨论。

(3) 学生汇报讨论情况。

6.2 了解强制性产品认证制度(3C 认证)总则

本活动使学生了解目前我国所实施的 3C 认证的具体内容,了解强制性产品获得 3C 证书的大致流程。

(1) 通过讲授,介绍 3C 认证的基础知识。

(2) 通过讨论,了解自己身边的强制性电子产品。

6.3 学习液晶电视机安全检测的基本内容

本活动使学生了解液晶电视机安全检测所依据的国家标准,通过对国家标准的大致讲解,进而对液晶电视机的安全原则建立起一个初步框架。

(1) 通过理论授课,讲授国家标准 GB 8898 的基础内容。

(2) 通过讨论了解液晶电视机依据国家标准进行安全试验的必要性。

6.4 学习安全试验之爬电距离和电气间隙

本活动使学生对安全试验中的基础检测项目电气间隙和爬电距离建立起基础概念,能够运用检测仪器对液晶电视机进行电气间隙和爬电距离的测量。

（1）通过理论授课，讲授电气间隙和爬电距离基础知识和测量方法。

（2）学生 2～3 人一组，每组对一台液晶电视机进行电气间隙和爬电距离测量，对于不合格产品，提出自己的整改方案。

6.5　学习安全试验之绝缘电阻和抗电强度

本活动使学生对安全试验中的绝缘电阻和抗电强度有初步的认识，了解本项试验内容的必要性，能够运用检测仪器对液晶电视机进行绝缘电阻和抗电强度试验。

（1）通过理论授课，讲授绝缘电阻和抗电强度的基础知识和测量方法。

（2）学生 2～3 人一组，每组对一台液晶电视机进行绝缘电阻和抗电强度试验，对于不合格产品，提出自己的整改方案。

6.6　学习安全试验之抗外力及冲击试验

本活动使学生对安全试验中的抗外力及冲击试验有初步的认识，了解本项试验内容的必要性，能够运用检测仪器对液晶电视机进行抗外力及冲击试验。

通过理论授课，讲授抗外力及冲击试验的基础知识和测量方法。

（2）学生 2～3 人一组，每组对一台液晶电视机进行抗外力及冲击试验，对于不合格产品，提出自己的整改方案。

6.7　项目验收、答辩、提出改进建议

2～3 人一组讨论，交流进行试验过程中遇到的难点和经验。

（1）讨论：选出本次进行试验项目中能熟练操作并对不合格产品提出自己的整改意见较好的学生，介绍体会。

（2）讨论：教师和学生分别就项目成果交流，提出改进建议。

（3）答辩：正确回答理论知识问题，针对自己操作的试验项目同国家标准结合，提出对产品的整改意见。

（4）写出完整的项目设计报告。

**注意事项**

（1）人身及用电安全规范。

（2）电子测量仪器操作规范。

（3）试验中出现的危险现象要及时处理。

**评价标准**

**1. 良好**

① 能正确回答教师提出的相关理论问题。

② 能正确使用相关仪器进行测量。

③ 能正确指出实际测量的试验点同国家标准的条款对应关系。

④ 按时完成各种项目报告，报告内容充实。

**2. 优秀**

在达到良好的基础上，同时又具备以下条件。

① 理论问题回答准确，理解深刻，表述清晰，有独立的见解。

② 仪器设备使用熟练，能够举一反三。

③ 对于试验中遇到的不合格产品，能够提出自己的整改意见。

④ 项目报告内容有特色，能客观地进行自我评价、分析判断并论证各种信息。

**3. 合格**

① 能够回答部分理论问题。

② 能够使用相关仪器进行测量。

③ 按时完成项目设计报告，报告内容基本完整。

**4. 不合格**

有下列情况之一者为不合格。

① 不会使用相关检测仪器。

② 不能对试验项目进行操作。

③ 项目报告存在抄袭现象。

④ 未能按时递交项目报告。

不合格者须重做。

# 6.2 强制性产品认证制度(3C 认证)总则

跟我学：3C认证制度

3C 认证的全称为"强制性产品认证制度"，它是各国政府为保护消费者人身安全和国家安全、加强产品质量管理、依照法律法规实施的一种产品合格评定制度。所谓 3C 认证，就是中国强制性产品认证制度，英文名称为 China Compulsory Certification，英文缩写为 CCC。

## 6.2.1 3C 认证的由来及产品目录

中国政府为兑现入世承诺，于 2001 年 12 月 3 日对外发布了强制性产品认证制度，从 2002 年 5 月 1 日起，国家认监委开始受理第一批列入强制性产品目录的 19 大类 132 种产品的认证申请。

它是中国政府按照世贸组织有关协议和国际通行规则，为保护广大消费者人身和动植物生命安全，保护环境、保护国家安全，依照法律法规实施的一种产品合格评定制度。主要特点是：国家公布统一目录，确定统一适用的国家标准、技术规则和实施程序，制定统一的标志标识，规定统一的收费标准。凡列入强制性产品认证目录内的产品，必须经国家指定的认证机构认证合格，取得相关证书并加施认证标志后，方能出厂、进口、销售和在经营服务场所使用。

中国国家监督检验检疫总局和国家认证认可监督管理委员会于 2001 年 12 月 3 日一起对外发布了《强制性产品认证管理规定》，对列入目录的 19 类 132 种产品实行"统一目录、统一标准与评定程序、统一标志和统一收费"的强制性认证管理。将原来的"CCIB 认证"和"长城 CCEE 认证"统一为"中国强制认证"(China Compulsory Certification, CCC)，故又简称 3C 认证。如图 6-1 所示。

图 6-1　3C 安全认证标志

3C 认证从 2003 年 5 月 1 日(后来推迟至 8 月 1 日)起全面实施，原有的产品安全认证和进口安全质量许可制度同期废止。目前已公布的强制性产品认证制度有《强制性产品认证管理规定》、《强制性产品认证标志管理办法》、《第一批实施强制性产品认证的产品目录》和《实施强制性产品认证有关问题的通知》。第一批列入强制性认证目录的产品包括电线电缆、开关、低压电器、电动工具、家用电器、音视频设备、信息设备、电信终端、机动车辆、医疗器械、安全防范设备等。

## 6.2.2 获得 3C 证书的基本流程

产品认证工程师需对申请进行单元划分，单元划分后，若需要进行样品测试，产品认证工程师向申请人发送送样通知以及相应的付费通知，还要通知申请人向相应的检测机构发送样品接收通知。

(1) 送样的样品接收。样品由申请人直接送达指定的检测机构，申请人付费后，按要求填写付款凭证，检测机构对样品进行验收，检测机构填写样品检测进度表报(CQC)。CQC 收到样品检测进度后,在确认申请人相关费用付清后,向申请人发出正式受理通知,向检测机构发出检测任务书,样品测试正式开始。

（2）样品测试。样品测试过程中,对于出现的不符合项,申请人应依照样品测试整改通知进行整改。样品测试结束后,检测机构填写样品测试结果通知,检测机构还将试验报告等资料发送至 CQC。

（3）工厂审查。对于需要进行工厂审查的申请,检查处组织进行工厂审查。

（4）合格评定。产品认证工程师对各阶段的结果进行收集整理后,进行初评。合格评定人员对以上结果进行复评。

（5）证书批准。CQC 主任签发证书。

（6）证书的打印、领取、寄送和管理。申请人打印领证凭条,自取或要求寄送证书。如图 6-2 所示。

图 6-2　中国国家强制性产品认证书

**思考与练习**

1. 3C 认证的含义。

2. 简述 3C 认证的大致流程。

3. 通过学习 3C 认证的基础知识,说说自己身边的强制性认证产品。

# 6.3　液晶电视机安全检测的基本原则

在全球大部分的国家和地区都有液晶电视机的安全标准,例如,欧洲标准 EN 60065、日本标准 J60065 等。目前我国液晶电视机的安全检测标准是 GB 8898—2001《音频、视频及类似电子设备安全要求》,等效采用 IEC 60065:1998。两者主要差异是电源容差、电源插头及中文说明。早在 1984 年,我国制定了编号为 SJ 2484—1984 的安全标准,是电子行业第一个安全标准,也是 GB 8898 的前身,GB 8898—1988 版是我国制定的第一版国家标准,经过两次修订(第三次修订正在进行中),目前的版本是 GB 8898—2001,在 CCC 强制目录内的音视频产品,如果想获得 CCC 证书,它们的安全性就要符合 GB 8898—2001 的要求。

## 6.3.1　液晶电视机潜在危险性及防护措施

根据液晶电视机本身的使用方法、工作特性及标准中的具体原则,液晶电视机可能会出现触电危险、过高温度危险、辐射危险、爆炸危险、机械危险及着火危险。进行安全检测的目的就是要防止这些危险的发生。

触电是由于电流通过人体而造成的,只要毫安级的电流就能在健康的人体内产生反应,而且可能会由于不知不觉的反应导致间接的危害,更高的电流会对人体产生更大的危害。为了对可以接触或操作的部件上有可能出现的较高电压提供防护,应将带电的部件接地或充分绝缘。对可触及的零部件,一般应提供双重保护以避免故障引起的触点。

(1)过高温度危险。避免由于可触及件温度过高而引起的伤害,避免由于内部过高温度而引起的绝缘损坏和机械不稳定性。可通过内部电路良好的布局、增加散热片、安装风扇及设置完备的外壳开孔达到散热降温的作用。

(2)辐射危险。避免由于过高的电离辐射和激光辐射能量等级引起的伤害,可把辐射限制在非危险值以内。

(3)爆炸危险。避免由于显像管或电池等的爆炸引起的危险。

(4)机械危险。避免设备出现尖锐的边缘,确保设备和其零部件有足够的机械强度和稳定性。可对危险运动部件提供防护或安全连锁装置,加强外壳的机械强度等措施达到安全要求。

(5)着火危险。着火可能由于过载、元器件失效、绝缘击穿、接触不良及起弧引起。应避免设备内部产生的火焰蔓延到火源近区以外的区域,避免对设备周围造成损害。可通过消除潜在引燃源、限制易燃材料的用量、在可能的引燃源附近使用高阻燃材料、外壳使用适当的阻燃材料、防止在正常工作条件下或故障条件下产生可能引燃的过高温度等措施,达到防止液晶电视机产生着火危险的可能性。

**小提示:**
　　液晶电视机的这6种危险防护要求是建立满意的安全等级所考虑的最基本的要求,随着技术和工艺的进一步发展,必然会有进一步的修订。

### 6.3.2　液晶电视机依照国家标准进行测试的基本试验项目

根据 GB 8898—2001 标准要求,液晶电视机的试验项目有标记和使用说明、正常工作条件下的发热、防触电的结构要求、正常工作条件下的触电危险、绝缘要求、故障条件、机械强度、电气间隙和爬电距离、元器件、端子、外接软线、电气连接和机械固定、稳定性和机械危险、防火。这些试验项目基本涵盖了一台液晶电视申请 3C 强制认证需要进行的所有安全试验。以下几点是对一些安全试验项目的简述。

**小提示:**
　　本节所介绍的试验内容只是液晶电视机安全试验的简要部分,实际 3C 认证的安全测试要复杂和系统得多,可通过阅读音视频产品的安全标准加以理解。

(1)液晶电视机应防止危险带电部件与可触及部件或带非危险电压电路之间绝缘被击穿,在正常情况下带危险电压的零部件与可触及的导电零部件之间采用双重绝缘或加强绝缘,以便使其绝缘不会被击穿,或把可触及的导电零部件与保护地相连,以便使该导电零部件上可能出现的电压限制在安全值以内,采用的这些绝缘应有足够的机械强度和电气强度。利用抗电强度试验进行考核。

(2)防止液晶电视机接触电流过大。接触电流的测量方法是以流经人体的电流可能引起的效应为基础的,人体对电流的感知和反应是流过人体内部器官的电流引起的,标准中的接触电流测量网络模拟了人体阻抗并对其随频率的变化进行了补偿,反映出随频率变化的人体电流效应。

(3)液晶电视机要防止电容放电。通常液晶电视机的设计者为了抑制电磁骚扰其性能,会在设备供电端的相线和中线之间并接一个或几个抑制电磁骚扰用的电容器,当插头从电源插座拔出后,人体接触插头极片或插销时,要防止电容器储存的电荷产生触电危险,所以要进行拔出电源插头的放电测试。

(4)防止液晶电视机产生过高温度。不管是液晶电视机还是其他电子设备,工作的时候总是要发热的,所以产品在正常工作条件和故障条件下的温升是电子产品安全设计考虑的一个重要因素。液晶电视机主要的温升测试点包括电源、主板、外壳、液晶屏等,其中这些部件上包含的电容器、电阻器、电感器、风扇、变压器、集成电路等都是考核的重点。

(5)液晶电视机的机械强度和稳定性要满足标准要求,液晶电视机都会出现撞击、振动、冲击等危险的可能性,并且尺寸较大的液晶电视重心高,容易产生倾斜,所以这些危险的防护都需要进行标准中的稳定性及机械强度等试验进行考核。

(6)液晶电视机中的爬电距离、电气间隙及固体绝缘要满足标准要求,在液晶电视机中危险带电零部件与可触及零部件之间的隔离可以通过合理的爬电距离和电气间隙及固体绝缘来实现,电气间隙和爬电距离的测试点要经过多次测量后选择最短距离为准。

(7)液晶电视机的设计应能最大限度地防止起火和火焰的蔓延,并不应对设备的周围带来引燃的危险。除了在设计上要防止过载、元器件失效、绝缘击穿、起弧、接触不良和雷击等隐患之外,还要对液晶电视机的绝缘材料进行防火试验的考核,试验方法包括火焰垂直试样、火焰水平试样和针焰燃烧试验,由这些试验方法得出各种可燃性的等级。

**思考与练习**

1. GB 8898 经过几次换版及版本号?

2. 液晶电视机会发生的 6 种危险是什么?

3. 防止液晶电视机温度过高的措施是什么?

# 6.4   安全试验的爬电距离和电气间隙

爬电距离和电气间隙试验几乎是每类产品对应的安全标准都会涉及的试验项目,如果爬电距离和电气间隙不合格,可能直接导致带危险电压的零部件和可触及的导电零部件之间的绝缘被击穿,进而引发触电危险,造成人身伤害。故爬电距离和电气间隙的测量对产品的安全性有着很重要的影响。首先,要明确爬电距离和电气间隙这两个概念,爬电距离是两导电部分之间沿绝缘材料表面的最短距离。电气间隙是两导电部分之间在空气中的最短距离。

### 6.4.1 游标卡尺测试仪的使用方法

跟我学:游标卡尺测试仪的使用方法

**1. 游标卡尺测试仪的使用方法**

试验中可能应用到的设备有游标卡尺、间隙规等,这些设备的使用较为简单,最直接的测量工具是卡尺,选择好测量点后直接读数即可。间隙规只是为一些在整机中不容易读取数据的部位使用。

游标卡尺的读数方法分为以下三步。

(1)在主尺上读出副尺零线以左的刻度,该值就是最后读数的整数部分。

(2)副尺上有一条刻线与主尺的刻线对齐,在刻尺上读出该刻线距副尺的格数,将其与刻度间距 0.02 mm 相乘,就得到最后读数的小数部分。

(3)将所得到的整数和小数部分相加,就得到总尺寸。

游标卡尺如图 6-3 所示。

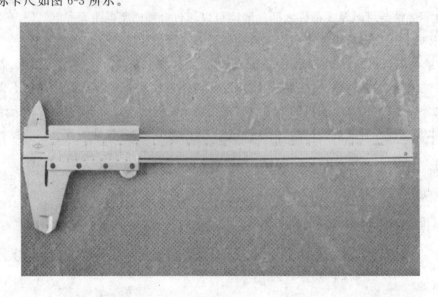

图 6-3 游标卡尺

间隙规是由几种规格厚度的钢片组成,这些钢片主要是用来检测间隙的大小的,使用时就是将所要规格的塞尺塞入要检测的间隙,能够塞进去就说明测量的电气间隙是合格的。间隙规如图 6-4 所示。

图 6-4　间隙规

### 2. 爬电距离和电气间隙的要求

关于爬电距离和电气间隙的要求,危险带电零部件与可触及零部件之间的爬电距离和电气间隙应符合如图 6-5 所示规定尺寸。

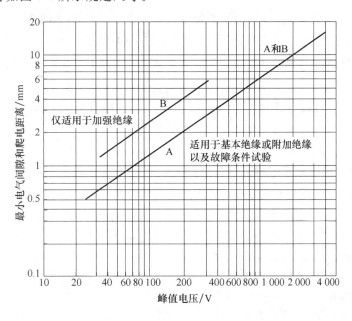

图 6-5　电气间隙和爬电距离

对于图 6-5 的几点说明。

① 所规定的电气间隙不适用于保护装置、微间隙结构的开关和其间隙随触点运动而改变的类似原件的触点之间的空气间隙;

② 所给出的数值适用于加强绝缘、基本绝缘或附加绝缘;

③ 图中曲线按下列数值确定。

曲线 A:35 V 对应于 0.6 mm,354 V 对应于 3.0 mm。

曲线 B:35 V 对应于 1.2 mm,354 V 对应于 6.0 mm。

这是电源电压在 35 V(有效值)和 220～250 V(有效值)时的两组典型数值。

**小提示:**

本节所介绍的试验内容针对液晶电视机中一些基本的电气间隙和爬电距离测试点进行考核,对于国标中涉及的有接缝的绝缘、密封件和绝缘填充件的电气间隙和爬电距离未进行描述,可参见 GB 8898—2001。

### 6.4.2 爬电距离和电气间隙的测量部位及测量方法

跟我测:爬电距离和电气间隙的
测量方法

在液晶电视机中,爬电距离和电气间隙常规的测试部位有印制板上 L 和 N 之间、L 和 N 与印制板上的接地点、初级带电件至印制板上的接地点、隔离带两侧任意两个带电部件之间。

在测量这些测试点时,直接用卡尺测量即可。但是通常情况下,实际测量中常会遇到一些沟槽或凸起,对于这些部位的测量方法,要依据以下的图示进行。

测量图示如图 6-6～图 6-12。其中距离 $X$ 是测量沟槽时的处理原则,$X$ 的具体数值如下。

通常条件下,$X$ 的最小值为 1.0 mm。若电气间隙(伴有与其有关的爬电距离)的要求值小于 3.0 mm,则 $X$ 为该规定值的 1/3,并且不小于 0.2 mm。例如,电气间隙要求值为 1.2 mm,$X$ 值应为 0.4 mm。

如果电气间隙是由被导电零部件分隔而成的两个或两个以上串联的空气间隙组成,则在计算总的距离时,宽度小于 0.2 mm 的任何空气间隙忽略不计。

测量路径中间有 U 形沟槽时,若沟槽宽度小于 $X$,其电气间隙和爬电距离相同,都是其视距;若沟槽宽度大于 $X$,其电气间隙是其视距,则爬电距离是沿绝缘轮廓线伸展的通路,如图 6-6 和图 6-7 所示。

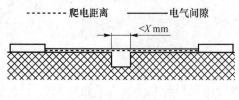

图 6-6　窄沟槽

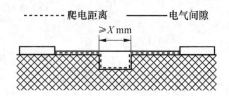

图 6-7　宽沟槽

　　测量路径中间有 V 形沟槽时,其电气间隙和爬电距离不同,电气间隙是其视距,在沟槽宽度大于 $X$ 时,爬电距离是沿绝缘轮廓线的通路,在沟槽底部宽度小于 $X$ 时,爬电距离取其视距直线,如图 6-8 所示。测量路径中间有高耸的肋条时,其电气间隙和爬电距离不相同,其电气间隙是其各段视距之和,而爬电距离则是沿绝缘轮廓线延伸的通路,如图 6-9 所示。

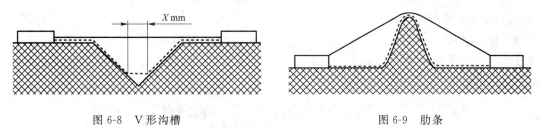

图 6-8　V 形沟槽　　　　　　　　　　　图 6-9　肋条

　　对测量路径中间插有与被测导电零部件不连接的导电零部件时的处理原则如图 6-10 所示。当 $D>X$、$d>X$ 时,其电气间隙和爬电距离都是 $d+D$。当 $D<X$、$d>X$ 时,其电气间隙和爬电距离都是 $d$。当 $D>X$、$d<X$ 时,其电气间隙和爬电距离都是 $D$。

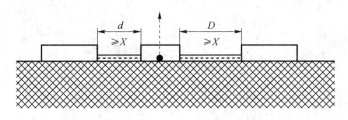

图 6-10　插入中间的不连接的导电零部件

　　测量与沟槽中的金属螺钉间的爬电距离时,螺钉头与凹槽槽壁之间的空气太窄,则不考虑该空隙,如图 6-11 所示,空隙$<X$,则不予考虑。当螺钉头与凹槽槽壁之间的空隙足够宽时,则必须考虑该空隙,如图 6-12 所示,空隙$≥X$,则测量爬电距离时需予以考虑。

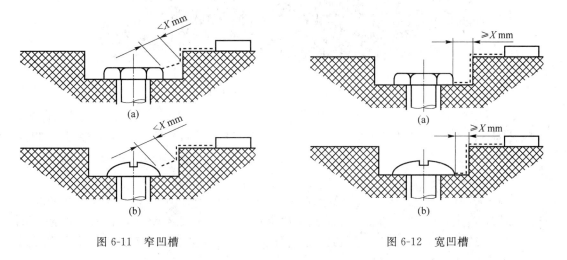

图 6-11　窄凹槽　　　　　　　　　　　图 6-12　宽凹槽

### 6.4.3 液晶电视机爬电距离和电气间隙的测量实例

跟我测：液晶电视机爬电距离和
电气间隙的测量实例

图 6-13 和图 6-14 是一台液晶电视机的电源板,根据 6.4.2 节中对液晶电视机典型测试点的了解,具体的测试位置见图中标注。通常来说,液晶电视机电源板的背面一般比正面测试点的电气间隙和爬电距离要小,所以选择电源板的背面来进行电气间隙和爬电距离的试验。

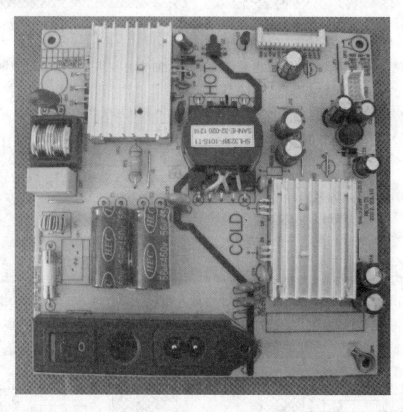

图 6-13  液晶电视电源板正面

测试点分析图 6-14 中 1 点为电源两极间,从图 6-15 电源两极间的放大图可以看到,L 至 N 之间的距离有多种位置可以选择,但直线 LINE 为 L 至 N 两点间的距离最短,所以这个位置才是测试时的正确测试点。电源两极间的绝缘类别为基本绝缘,在安全标准中的限值为 3.0 mm,故直线 LINE 的电气间隙和爬电距离至少要为 3.0 mm。

图 6-14 中 2、3、4 点的放大图分别为图 6-16、图 6-17 和图 6-18。选择测试点的方法同图 6-15,选择最短距离的位置。2、3、4 点是液晶电视机上对安全有关键作用的元器件,隔离电容器和光电耦合器,它们通常是跨接在电源的初级至次级的隔离带上,这个位置的绝缘类别为加强绝缘,要求的限值为 6.0 mm。

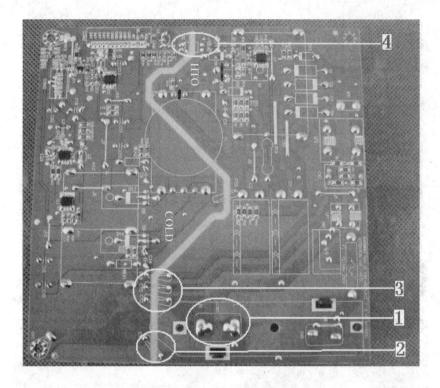

图 6-14　液晶电视电源板背面

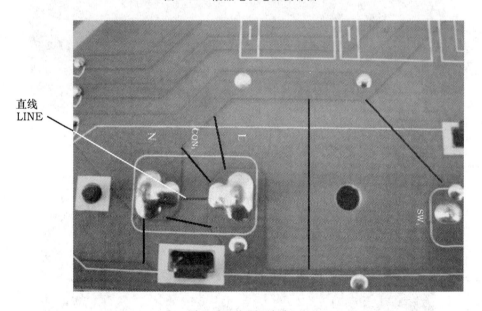

图 6-15　电源两极间

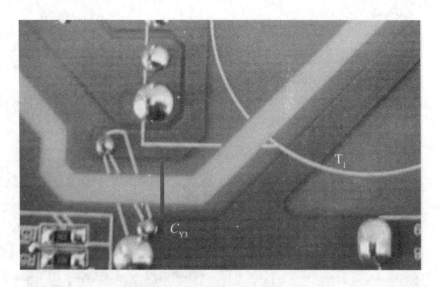

图 6-16　隔离电容器 $C_{Y3}$

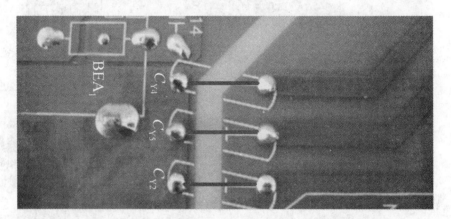

图 6-17　隔离电容器 $C_{Y2}$, $C_{Y4}$, $C_{Y5}$

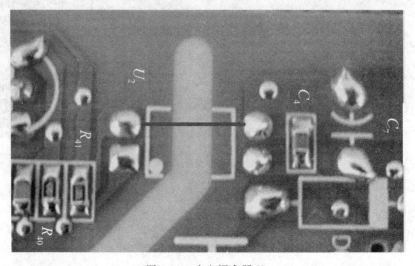

图 6-18　光电耦合器 $U_2$

思考与练习

1. 电气间隙和爬电距离有哪些差异？

2. 电源两极间的电气间隙规定值什么条件下可以减小？

3. 有沟槽的部位，电气间隙要求值为 1.8 mm，求沟槽宽度 $X$ 的规定值。

# 6.5　安全试验的绝缘电阻和抗电强度测试

绝缘电阻和抗电强度的试验目的是考核绝缘材料的绝缘效果是否充分满足要求，减小操作人员和可能与设备接触的人员遭受电击或伤害的危险。抗电强度指标不合格，会造成瞬间短路。电路短路后会产生极高的电流，可能使人体触电，也可能使元器件损坏。电路短路后还会产生高温，可导致液晶电视机的易燃材料燃烧。

## 6.5.1　绝缘耐压测试仪使用方法

跟我学：绝缘耐压测试仪使用方法

### 1. 设备仪器准备

本项试验主要用到的设备是绝缘耐压测试仪。

绝缘耐压测试仪是根据国家最新电力行业标准而设计的绝缘耐压试验设备，用于对各种电器产品、电气元件、绝缘材料等进行规定电压下的绝缘电阻和抗电强度试验，以考核产品的绝缘水平，发现被试品的绝缘缺陷，衡量产品承受过电压的能力。绝缘耐压测试仪如图 6-19 所示。

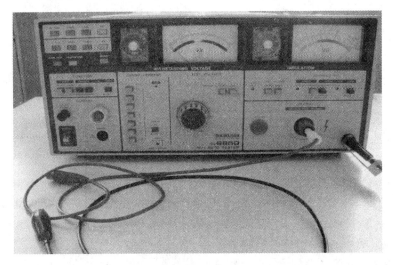

图 6-19　绝缘耐压测试仪

**2. 安全注意事项**

（1）使用此仪器时,操作人员应站在绝缘垫上。

（2）开机前先检查测试线是否与插座进出良好,测试线绝缘层是否有裂纹或损伤,确认没问题后方可接通电源。

（3）试验过程中,试验人员不得离开试验现场。

（4）试验结束后,及时关机断电。

（5）使用中如遇异常情况,立即切断电源。

**3. 仪器功能检查**

绝缘耐压仪在使用之前要对仪器设备进行功能检查,具体步骤如下。

（1）按实际检测要求设定适当的判定电流、时间、电压挡位。例如,10 mA,60 s,3 kV。将试验电压(TEST VOLTAGE)旋转置 0 位。

（2）将测试夹接到相应的电阻盒端子上。例如,标记 10 mA,3 kV 的电阻盒,夹子应夹牢,避免其试验期间脱落。

（3）接通电源,查指示灯指示位置是否与设定值一致,若重新设定,则需随后按复位键(RESET)。

（4）按测试(TEST)钮,灯亮,旋转试验电压(TEST VOLTAGE)旋钮,电压指针接近规定的电压值时放慢升压速度,直至报警笛响或报警灯亮。

（5）按复位键(RESET),并将试验电压(TEST VOLTAGE)旋钮置 0 位。

（6）若报警笛不响或报警灯不亮以及报警时的电压指示值过多偏离规定的电压值,则在查明原因并排除之前,仪器不能用于进行规定的试验检测。

**4. 具体测试步骤**

（1）功能检查结果正常,且满足检测要求。

（2）选择试验状态"抗电强度试验或绝缘电阻测量",可用自动(AUTO)中的"W-I"(抗电强度试验—绝缘电阻测量),或"I-W"(绝缘电阻测量—抗电强度试验),也可用手动(MANUAL)中"W-I"或"I-W"。

（3）进行抗电强度试验,应选择"W"试验状态,按实际检测要求设定适当的判定电流、时间及电压挡位。例如,10 mA,60 s,3 kV。将试验电压(TEST VOLTAGE)旋转置 0 位,计时器开关置 OFF 位。

（4）将测试夹接到相应的测试点上。例如,电源插头的 L 和 N 极与可触及端子间。夹子应夹牢,以避免其试验期间脱落。注意:红色测试线夹在被测设备初级(或高电压端)。

（5）接通仪器电源。查指示灯指示位置是否与设定值一致,若重新设定,则需随后按复位键(RESET)。

（6）按 TEST 钮(灯亮),迅速旋升试验电压(TEST VOLTAGE)旋钮,电压指针接近规定的电压值时放慢升压速度,达到规定的电压值时,将计时器开关打开,到满足设定时间时,试验电压指针自动回 0 位。

（7）按复位键(RESET),并将试验电压(TEST VOLTAGE)旋钮置 0 位,对测试线(红色)进行放电后取下测试夹。

（8）实验过程中,若报警笛响或报警灯亮,则执行步骤 7。

（9）进行下一个检测点试验时,重复上述步骤 3～7。

（10）进行绝缘电阻测量，应选择"I"试验状态，按实际检测要求设定适当电压挡位和时间，如 500 V 或 1 000 V，60 s 且执行步骤 4、5 后，按 TEST 钮（灯亮），待达到设定时间，记下绝缘电阻值，进行下一个检测点试验时，重复上述步骤。

**5. 关机和记录**

试验结束后，及时关断仪器电源，填写使用记录，并将测试线及其他测试附件放回原位。

绝缘电阻和抗电强度试验的要求。符合安全要求的产品，其绝缘不仅应该能够承受正常工作条件下和单一故障条件下的额定电压或其内部产生的电压，也应该能够承受来自电网电源和通信网络的瞬态过电压而不至于飞弧击穿。击穿是指由于加上试验电压而引起的电流以失控的方式迅速增大，即绝缘无法限制通过的漏电流时，认为绝缘已被击穿。电晕式放电或单次的瞬间闪络不认为是击穿。

安全标准中要求危险带电部件与可触及部件之间的隔离应采取双重保护，产品中绝缘按设备可以分为两类：Ⅰ类和Ⅱ类。

Ⅰ类设备需要注意的是，附加保护措施，如附加绝缘或保护接地，不能取代完备的基本绝缘或降低对基本绝缘的要求，保护接地电路中不应串有开关和过电流保护装置。Ⅱ类设备可认为加强绝缘与双重绝缘具有等同的保护作用。

测试时的基本测试条件如下。

（1）绝缘电阻测试电压为直流 500 V。

（2）抗电强度试验中，对承受直流电压应力的绝缘，用直流电压进行试验；对承受交流电压应力的绝缘，用电网电源频率的交流电压进行试验。但是，在可能发生电晕、电离、充电效应或类似效应的情况下，推荐用直流试验电压；在有电容器跨接在被试绝缘上的情况下，推荐用直流试验电压；在进行抗电强度试验时应断开电涌抑制器。

（3）试验电压值的选择。试验电压应按图 6-20 和表 6-1 的规定与对应的绝缘等级（基本绝缘、附加绝缘或加强绝缘）和绝缘上的工作电压相对应。

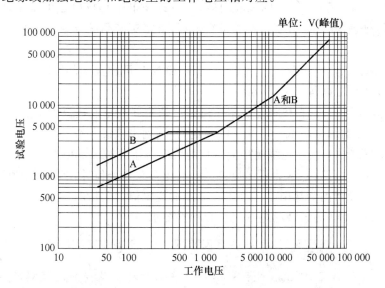

图 6-20　工作电压与试验电压对应关系

表 6-1　抗电强度试验电压和绝缘电阻值

| 绝缘 | 绝缘电阻 | 交流试验电压(峰值)或直流试验电压 |
| --- | --- | --- |
| 与电网电源直接连接不同极性的零部件之间 | 2 MΩ | 对额定电源电压≤150 V(r.m.s):1 410 V<br>对额定电源电压>150 V(r.m.s):2 120 V |
| 基本绝缘或附加绝缘零部件之间 | 2 MΩ | 图 6-20 曲线 A |
| 加强绝缘隔离的零部件之间 | 4 MΩ | 图 6-20 曲线 B |

图 6-20 曲线 A 和 B 由以下各点确定

| 工作电压 U(峰值) | 试验电压(峰值) | |
| --- | --- | --- |
| | 曲线 A | 曲线 B |
| 35 V | 707 V | 1 410 V |
| 354 V | | 4 240 V |
| 1 410 V | 3 980 V | |
| 10 kV | 15 kV | 15 kV |
| >10 kV | 1.5 kV | 1.5 kV |

图 6-20 中,曲线 A 适用于基本绝缘,曲线 B 适用于加强绝缘。表 6-1 给出必测的典型测试点。

### 6.5.2　绝缘电阻和抗电强度测试的试验方法

跟我测:绝缘电阻和抗电强度测试的试验方法

依据 GB 8898—2001 标准的试验内容,进行绝缘电阻和抗电强度试验之前,首先要对产品进行湿热处理,在此不对湿热试验进行描述,直接对产品进行绝缘电阻和抗电强度试验的考核。

典型的测试点有:电源两极 L 和 N 之间、L 和 N 与可触及零部件之间、基本绝缘或附加绝缘隔离的零部件之间等。

(1)绝缘电阻试验。直接将绝缘耐压测试仪的测试端子连接至测试点并读取仪器上的读数即可,若测得的结果不低于表 6.1 的规定值,则判定该设备符合要求。

(2)抗电强度试验。将绝缘耐压测试仪的输出端接到被测的电极上。开始时的起始电压不大于规定电压值的一半,然后迅速将试验电压升高到全值并在该电压值上保持 1 分钟。如果在 1 分钟后测得的绝缘电阻不小于表 6.1 的规定值,而且在抗电强度试验后,没有出现飞弧或击穿现象,则认为该液晶电视机符合标准要求。

小提示:

注意,在试验过程中不应使液晶电视机承受超过规定的电压应力。例如,对于手动调节升压的试验仪器,在电压接近规定试验电压值时应控制升压速度,使其不发生过电压。

### 6.5.3　绝缘电阻和抗电强度的测量实例

跟我测：绝缘电阻和抗电强度的
　　　　测量实例

一台液晶电视机，进行绝缘电阻和抗电强度的型式试验时，通常会有以下几个测试点。

(1) 液晶电视机电源入口处，电源两极间。电源两极间的绝缘类别为基本绝缘，所以它的绝缘电阻要求值为不小于 2 MΩ，抗电强度的耐压值为 1.5 kV，如图 6-21、图 6-22 所示。

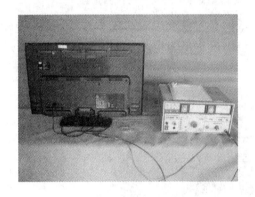

图 6-21　电源两极间的耐压测试　　　　图 6-22　电源两极间的耐压测试点

(2) 液晶电视机电源两极间至液晶电视机可触及的接线端子之间。通常液晶电视机上可触及的接线端子有音视频输入输出端子、天线端子、USB 端口、VGA 端口等，这些端子都可以成为测试点，它的绝缘类别为加强绝缘，绝缘电阻要求值为不小于 4 MΩ，抗电强度的耐压值为 3.0 kV，如图 6-23、图 6-24 所示。

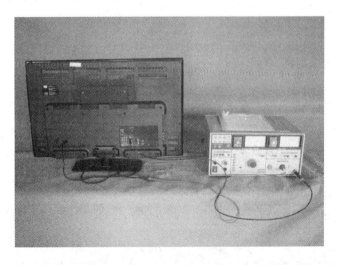

图 6-23　电源两极间至液晶电视机可触及的接线端子之间耐压测试

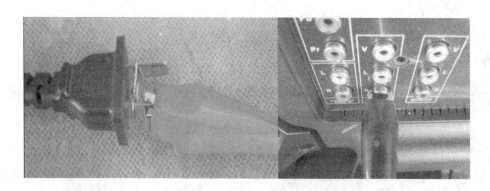

图 6-24　电源两极间至液晶电视机可触及的接线端子之间的耐压测试点

（3）液晶电视机带有接地保护端子的情况，还需要对液晶电视机电源两极间至保护接地端进行试验。它的绝缘类别为基本绝缘，绝缘电阻要求值为不小于 2 MΩ，抗电强度的耐压值为 1.5 kV，如图 6-25 所示。

图 6-25　液晶电视机电源两极间至保护接地端试验

**思考与练习**

1. 击穿的定义是什么？

2. 加强绝缘零部件之间的绝缘电阻规定值是多少？

3. 在抗电强度试验中，试验电压需要保持多长时间？

# 6.6　安全试验的抗外力及冲击试验

液晶电视机从出厂、销售到用户购买安装的过程中都会有潜在的外力碰撞和冲击等危险，这些危险足以破坏质量不好或结构设计不合理的产品的安全结构，造成人身损害和经济财产损失,所以在产品的设计阶段,应对这些危险加以考虑。

### 6.6.1　安全试验的抗外力及冲击测试试验方法

跟我测:安全试验的抗外力及冲击
　　　　测试试验方法

**1. 设备准备**

抗外力及冲击试验用到的仪器设备有刚性试验指、试验钩、弹簧冲击锤等。这些设备的使用较为简单,主要依照标准中规定的方式加力即可,如图 6-26～图 6-28 所示。

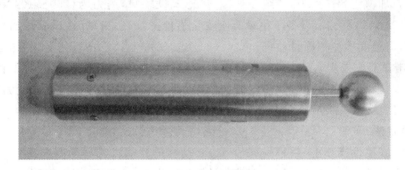

图 6-26　冲击锤

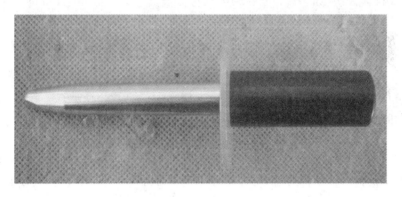

图 6-27　刚性试验指

图 6-28　试验钩

**2. 试验要求**

（1）抗外力试验。设备的外壳应有足够的强度来抵挡外力的作用，以保证机内的危险带电件不被触及。在设备不通电时，对金属外壳的通风孔处和金属把手处等进行以下试验。

用刚性试验指在外壳的不同部位上，包括在开孔和织物外罩上，向内施加（50±5）N 的力，持续 10 s。当用试验指顶端加力时，不允许楔或撬。要求外壳不应变为危险带电件，危险带电零部件不应变为可触及，织物外罩不应触及危险带电零部件。

用试验钩在所有可能的部位上向外施加（20±2）N 的力，持续 10 s。试验期间，危险带电零部件不应变为可触及。

通过一个直径 30 mm 的圆形接触平面的试验工具对外部导电的外壳和外部外壳上的导电零部件施加稳定的作用力，持续 5 s。对落地式设备，作用力为（250±10）N，对其他设备为（100±10）N。试验后，设备不出现影响安全性能的损伤，例如，在试验后出现可见的形变，则进行抗电强度等相关项目检查。

（2）冲击试验主要考核的是设备的外壳及可触及件的机械强度，试验后设备应能承受抗电强度试验，而且不应出现危及安全的损伤，特别是危险带电零部件不应变为可触及，外壳不应出现可见裂纹，其绝缘作用的隔板不应损坏。

**3. 试验方法**

设备紧靠在刚性支架上，用事先加油 0.5 J 动能的弹簧冲击锤对保护危险带电零部件和可能是薄弱的地方（包括处于拉开状态的抽屉、把手、操纵件、开关旋钮等）的每一点垂直受试表面释放椎体 3 次，如果窗口、透镜片、信号灯及其外罩突出外壳 5 mm 以上，或者单件投影 1 cm$^2$，则也要对它们进行本项试验。

### 6.6.2　液晶电视机进行抗外力及冲击试验实例

跟我测：液晶电视机进行抗外力
　　　　及冲击试验实例

抗外力和冲击试验主要考核液晶电视机外壳的薄弱部位，一般液晶电视机外壳的薄弱部位会出现在外壳的通风孔、电源开关、电源入口及外壳端子处，如图 6-29 方框的部位。

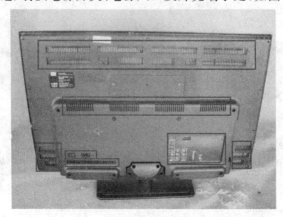

图 6-29　液晶电视机外壳抗外力及冲击试验测试点

　　下面我们依次对图中液晶电视机外壳的方框处进行抗外力试验。抗外力试验如图6-30所示。

(a) 刚性试验指对外壳开孔施加力

(b) 试验钩对外壳开孔施加力

图 6-30　抗外力试验

冲击试验如图 6-31 所示。

图 6-31　冲击锤对液晶电视机的开孔及端子部位进行冲击试验

**思考与练习**

1. 刚性试验指在测试部位上施加的力是多大?

2. 刚性钩在测试部位上施加 15 N 的力是否合适?

3. 冲击试验在液晶电视机上的测试部位有哪些(最少说出三个)。

# 参 考 文 献

[1] 冯跃跃. 电视原理与数字电视 [M]. 北京:北京理工大学出版社,2008.

[2] 刘修文. 数字电视技术实训教程 [M]. 北京:机械工业出版社,2008.

[3] 朱胜泉. 数字平板电视技术 [M]. 北京:机械工业出版社,2011.

[4] 周志敏,纪爱华. OLED 驱动电源设计与应用 [M]. 北京:人民邮电出版社,2010.

[5] 陈金鑫,黄孝文. OLED 有机电致发光材料与器件[M]. 北京:清华大学出版社,2007.

[6] 王琼华. 3D 显示技术与器件 [M]. 北京:科学出版社,2011.

[7] 申智源. TFT-LCD 技术、结构、原理及制造技术 [M]. 北京:电子工业出版社,2011.

[8] 田民波,叶锋. TFT 液晶显示原理与技术 [M]. 北京:科学出版社,2010.

[9] 康华光. 电子技术基础 [M]. 北京:高等教育出版社,2006.

[10] 中华人民共和国国家标准《音频、视频及类似电子设备安全要求》,2001.